自适应雷达资源管理

Adaptive Radar Resource Management

［加］彼得·W. 莫（Peter W. Moo） 著
丁震（Zhen Ding）

邵银波　欧阳琰　王树文　石斌斌　等译

国防工业出版社

·北京·

著作权合同登记　图字:01-2022-5456

Adaptive Radar Resource Management, Peter Moo, Zhen Ding, ISBN: 978-0-12-802902-2
Copyright © 2015 Crown Copyright Published by Inc. All rights reserved. Authorized Chinese translation published by National Defense Industry Press.《雷达自适应资源管理》(邵银波　欧阳琰　王树文　石斌斌　等译)ISBN: 978-7-118-13363-9
Copyright © Elsevier Inc. andNational Defense Industry Press. All rights reserved.

No part of this publication may be reproduced or transmitted in any form or by any means, electronic or mechanical, including photocopying, recording, or any information storage and retrieval system, without permission in writing from Elsevier Ltd. Details on how to seek permission, further information about the Elsevier's permissions policies and arrangements with organizations such as the Copyright Clearance Center and the Copyright Licensing Agency, can be found at our website: www.elsevier.com/permissions.

This book and the individual contributions contained in it are protected under copyright by Elsevier Inc. and National Defense Industry Press (other than as may be noted herein).

This edition of Adaptive Radar Resource Management is published by National Defense Industry Press under arrangement with ELSEVIER INC.

This edition is authorized for sale in China only, excluding Hong Kong, Macau and Taiwan. Unauthorized export of this edition is a violation of the Copyright Act. Violation of this Law is subject to Civil and Criminal Penalties.

本书简体中文版由ELSEVIER INC授予国防工业出版社在中国大陆地区(不包括香港、澳门以及台湾地区)出版与发行。本版仅限在中国大陆地区(不包括香港、澳门以及台湾地区)出版及标价销售。未经许可之出口,视为违反著作权法,将受民事及刑事法律之制裁。本书封底贴有Elsevier防伪标签,无标签者不得销售。

注意

本书涉及领域的知识和实践标准在不断变化。新的研究和经验拓展我们的理解,因此须对研究方法、专业实践或医疗方法作出调整。从业者和研究人员必须始终依靠自身经验和知识来评估和使用本书中提到的所有信息、方法、化合物或本书中描述的实验。在使用这些信息或方法时,他们应注意自身和他人的安全,包括注意他们负有专业责任的当事人的安全。在法律允许的最大范围内,爱思唯尔、译文的原文作者、原文编辑及原文内容提供者均不对因产品责任、疏忽或其他人身或财产伤害及/或损失承担责任,亦不对由于使用或操作文中提到的方法、产品、说明或思想而导致的人身或财产伤害及/或损失承担责任。

图书在版编目（CIP）数据

自适应雷达资源管理/(加)彼得·W. 莫
(Peter W. Moo),(加)丁震著;邵银波等译. —北京:
国防工业出版社,2024.8. —ISBN 978-7-118-13363-9

Ⅰ. TN958

中国国家版本馆 CIP 数据核字第 202478GL88 号

※

国防工业出版社 出版发行
(北京市海淀区紫竹院南路23号　邮政编码100048)
三河市天利华印刷装订有限公司印刷
新华书店经销

*

开本 710×1000　1/16　印张 7½　字数 135 千字
2024 年 8 月第 1 版第 1 次印刷　印数 1—1700 册　定价 79.00 元

(本书如有印装错误,我社负责调换)

国防书店:(010)88540777　　书店传真:(010)88540776
发行业务:(010)88540717　　发行传真:(010)88540762

目　录

第1章　绪论 ········· 1
- 1.1 雷达资源管理概念 ········· 1
  - 1.1.1 雷达资源 ········· 1
  - 1.1.2 雷达资源管理层级 ········· 2
  - 1.1.3 雷达典型功能 ········· 3
  - 1.1.4 雷达资源管理模型 ········· 4
- 1.2 本书内容安排 ········· 5

第2章　雷达资源管理技术概述 ········· 7
- 2.1 简介 ········· 7
- 2.2 人工智能算法 ········· 7
  - 2.2.1 神经网络 ········· 7
  - 2.2.2 专家系统 ········· 10
  - 2.2.3 模糊逻辑 ········· 10
  - 2.2.4 熵 ········· 12
- 2.3 动态规划算法 ········· 13
  - 2.3.1 实例 ········· 13
  - 2.3.2 计算的挑战 ········· 14
  - 2.3.3 动态规划算法 ········· 14
  - 2.3.4 小结 ········· 15
- 2.4 基于质量的资源分配管理算法 ········· 15
  - 2.4.1 简介 ········· 15
  - 2.4.2 数学公式 ········· 16
  - 2.4.3 基于质量的资源分配管理具体算法 ········· 16
- 2.5 波形辅助算法 ········· 18

- 2.5.1 简介 …… 18
- 2.5.2 神经网络实现算法 …… 19
- 2.5.3 基于波形选择的概率数据关联算法(WSPDA) …… 19
- 2.5.4 其他波形辅助算法 …… 20
- 2.5.5 自适应雷达文献综述 …… 20
- 2.5.6 DARPA海军应用自适应波形设计研究计划 …… 20
- 2.5.7 小结 …… 20

2.6 自适应数据率算法 …… 21
- 2.6.1 简介 …… 21
- 2.6.2 自适应数据率跟踪的基础 …… 21
- 2.6.3 自适应数据率交互式多模型-多假设跟踪(IMM-MHT)算法 …… 21
- 2.6.4 其他自适应数据率算法 …… 22
- 2.6.5 小结 …… 22

2.7 NRL基准问题和解决方案 …… 23
- 2.7.1 NRL基准问题 …… 23
- 2.7.2 基准测试问题的解决方案 …… 24
- 2.7.3 基准的解决方案1 …… 25
- 2.7.4 基准的解决方案2 …… 26
- 2.7.5 基准的解决方案3 …… 26
- 2.7.6 小结 …… 26

2.8 总结 …… 27

第3章 自适应与非自适应管理技术比较 …… 28

3.1 性能指标 …… 28
- 3.1.1 调度器性能指标 …… 28
- 3.1.2 检测性能指标 …… 28
- 3.1.3 跟踪器性能指标 …… 29

3.2 ADAPT_MFR仿真工具 …… 30

3.3 自适应技术 …… 32
- 3.3.1 模糊逻辑优先级方法 …… 32
- 3.3.2 时间平衡调度 …… 34
- 3.3.3 自适应跟踪间隔方法 …… 36

3.4 性能比较 …… 37

第4章 自适应调度技术

4.1 最优分配调度法
4.1.1 引言 ... 44
4.1.2 最优分配调度法的具体实现 ... 45
4.1.3 时间平衡调度法 ... 46
4.1.4 性能评估 ... 47
4.1.5 小结 ... 51

4.2 双斜率得益函数调度法 ... 52
4.2.1 序惯调度法概述 ... 52
4.2.2 双斜率得益函数子调度模块 ... 53
4.2.3 次要照射间隙填充(GF)子调度模块 ... 65
4.2.4 调度示例 ... 68
4.2.5 与 Orman 调度算法的比较 ... 77
4.2.6 单纯形法 ... 81
4.2.7 得益函数的其他形式 ... 81

第5章 组网雷达资源管理 ... 83

5.1 概述 ... 83
5.2 预备知识 ... 84
5.2.1 雷达组网 ... 84
5.2.2 分布式跟踪 ... 85
5.3 协同雷达资源管理体系结构概念 ... 86
5.3.1 集中式管理体系结构 ... 86
5.3.2 分布式管理体系结构 ... 87
5.3.3 组网雷达目标优先排序 ... 89
5.4 分布式雷达资源协同管理技术 ... 90
5.4.1 独立雷达资源管理 ... 90
5.4.2 管理类型1 ... 91
5.4.3 管理类型2 ... 92
5.4.4 通信信道可用性模型 ... 93
5.5 双雷达组网实例 ... 94
5.6 小结 ... 102

第 6 章　结论 ……………………………………………………… 103
　6.1　热点问题 ……………………………………………………… 103
　6.2　未来展望 ……………………………………………………… 104
参考文献 …………………………………………………………… 105

第1章 绪　　论

相控阵天线技术显著提升了雷达系统的灵活性和效率。特别是在波束控制上,相控阵技术几乎可以瞬时调整雷达波束指向。这种灵活性使雷达能够同时执行多种功能,如搜索、跟踪和火控,其中每种功能需要执行一系列照射。但执行多种功能,就必须开展雷达资源管理(RRM)研究,考虑诸如雷达照射的优先级设置、调度策略,以及任务参数的选择和优化等问题。特别在雷达资源饱和时,雷达没有足够的时间资源去安排所有的照射需求,雷达资源管理尤为重要。在这种情况下,雷达资源管理器必须决定应满足哪些照射需求,推迟或放弃哪些照射;此外,还需确定每个雷达照射的起始时间。

1.1　雷达资源管理概念

在本节中,我们从四个方面描述雷达资源管理问题,包括雷达资源、雷达资源管理层级①、雷达典型功能和雷达资源管理模型。

1.1.1　雷达资源

多功能相控阵雷达能够完成以前多个专用雷达的功能,例如搜索、跟踪和火控。雷达通过控制波位、驻留时间和波形来完成这些功能。关于通用相控阵雷达的详细内容参见文献[1-3]。典型的舰载相控阵雷达多种功能如图1.1所示。

每个雷达功能通常会有几个典型任务。所有的功能及其任务都由雷达资源管理模块进行调度。雷达资源管理对于多功能相控阵雷达至关重要,它能最大限度地利用雷达资源,以达到最佳性能,其中最佳雷达性能是根据各种代价函数来衡量的。

如图1.2所示,共有三种主要的雷达资源。当雷达资源不足以执行所有任务时,雷达资源管理就会面临挑战。由于可用资源较少,优先级较低的任务将会

---

① 原文为 radar terminology(雷达术语)

被减少资源消耗,否则雷达将无法执行某些关键任务。雷达的每个任务都需要一定的时间、能量和处理资源。时间资源受战术需求约束,能量资源受发射机功率限制,处理资源受雷达资源管理计算机性能制约。所有这些限制都会影响雷达资源管理器的性能。

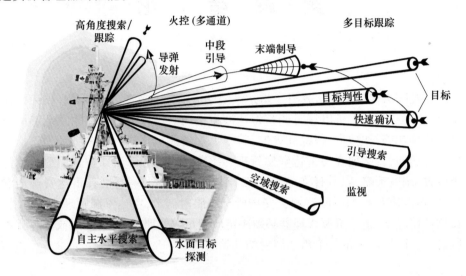

图1.1 典型舰载雷达系统的多种功能

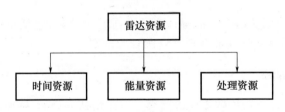

图1.2 多功能雷达资源

在雷达资源中,时间资源是最受限制的,因为雷达无法创建额外的时间。能量资源通常受限于系统的电源和冷却能力。处理资源通常是最不受限的,因为处理芯片的能力不断提高会带来雷达处理能力的不断增强。雷达资源管理时,通过调度器来协调所有的资源使用。

1.1.2 雷达资源管理层级

为了准确说明雷达资源管理,必须明确区分功能、任务和照射。

功能:雷达执行的多种功能,包括目标搜索、跟踪和火控等。有关各种功能的详细描述,请参见1.1.3节。

任务:每个功能都包含一个或多个任务。对于火控功能,一个任务是指对某单个拦截武器的控制。类似的,一个目标跟踪任务是指跟踪某单个目标。一个搜索任务是指搜索某个特定关注区域,可以是搜索该区域内的子区域,也可以是搜索整个区域。

照射:每个任务都包含多次照射。一次照射需要一定的驻留时间才能完成。对于跟踪任务,一次照射是通过将波束指向目标预期方向来完成一次航迹更新。这种情况下,完成一次跟踪可能需要对一个或多个波位进行照射。对于搜索任务,可以由一个波位或多个波位的照射来完成。由于照射需要一定的驻留时间,因此将一次搜索照射设置的时间越短越好,从而使调度程序可以更灵活地安排多个任务中的照射排序。

每个任务都会向雷达调度程序发送照射请求。对于目标跟踪任务,雷达会尝试在特定的时间间隔发送照射请求来更新目标航迹。该特定时间间隔由目标数据率、目标动态估计和跟踪模型共同决定。对于所有任务,照射请求都独立地发送到雷达调度器。也就是说,每个任务仅根据其自身的需求发出照射请求,雷达调度器的作用是接收雷达的所有照射请求并制定时间表,在某个特定时段,雷达只能执行一种任务的照射。雷达调度程序必须决定是否响应照射请求。例如,接收到同一时间开始的两个照射请求后,调度程序必须决定是调整一个照射的开始时间,还是两个照射的开始时间都调整,甚至可以决定放弃其中一个照射请求。

1.1.3 雷达典型功能

下面以舰载多功能相控阵雷达为例,具体说明雷达功能。

自主水平搜索。自主搜索的目的是在低空飞行目标越过雷达低仰角搜索屏时,立即对其进行检测。由于该类目标被认为是对海上水面舰艇的主要威胁之一,因此,自主水平搜索是多功能相控阵雷达的主要功能之一。

引导搜索。引导搜索是指用其他传感器掌握的目标引导多功能雷达进行搜索。这种情况可能是由于多功能雷达信噪比不足以检测、多时间资源暂时饱和或目标还不在雷达覆盖范围内。如果由于信噪比不足尚未跟踪目标,则与正常搜索相比,引导搜索时会增加驻留时间以提高检测概率。引导搜索模式(取决于引导的来源)仅执行一次。从另一个传感器检测到目标到多功能相控阵雷达获取引导信息之间的延迟须尽可能短,以保证引导搜索增加的搜索时间尽可能短。

确认。当一个目标被搜索波束检测到,且该目标是雷达未开始跟踪的目标时,则需在该搜索方向进行波束照射以确认目标真实存在。确认成功则目标起批。确认波束的开始和第一次搜索到目标的时间间隔应尽可能小,以确保目标仍在搜索驻留所观测方向的半波束宽度范围内。

气动目标跟踪。在开始跟踪之后，气动目标将由专门的波束进行跟踪。更新数据率和驻留时间依据目标特性来确定，从而尽量节省雷达的时间、能量资源。

制导跟踪。以足够高的数据率跟踪要打击的目标，以确保导弹制导所需的跟踪精度。

舰空导弹截获。在发射舰空导弹后不久，搜索波束会搜索到该导弹。在已知舰空导弹运动模型的条件下，仅需花费很少的雷达时间和能量资源就能高概率截获目标，并成功起批。

舰空导弹跟踪。跟踪舰空导弹是用来收集制导所需的信息，以避免在舰空导弹飞行方向上不间断引导搜索和确认。目标搜索和确认会额外消耗资源。

中段制导。舰空导弹拦截弹在到达拦截点前需要制导，不同类型的舰空导弹拦截弹需要的制导信息有所不同。

末端制导。在使用半主动舰空导弹进行拦截的末期阶段，必须由多功能相控阵雷达进行末端目标指示，以使导弹导引头能够锁定目标。半主动导弹的导引头需要接收到特定波形的目标回波信号（由多功能相控阵雷达发射，目标反射）进行实时匹配，从而锁定目标。

杀伤评估。在预测的拦截点前后，增加目标和舰空导弹航迹的数据率，以便于更准确地评估拦截结果。战斗系统根据评估结果来决定是否继续发送其他拦截弹。

每个功能对时间资源都有特定的要求，该需求由功能持续时间、数据更新率、驻留时间确定。对于搜索功能，数据更新率由搜索所需的波位数和每个波位的驻留时间决定。

对于自主水平搜索功能，在两个波位间的照射允许间隔较长时间，这样可以安排一些其他更重要的功能，比如进行末端引导。在资源饱和时，有可能会挤占搜索确认的时间资源。

对于制导和跟踪功能，舰空导弹杀伤概率与跟踪数据率相关。末端引导的照射需求必须立即得到满足。跟踪舰空导弹所需的时间资源可以适当减少，以避免目标跟踪精度下降导致的舰空导弹拦截概率明显下降。

1.1.4 雷达资源管理模型

由于多功能相控阵雷达多功能管理的复杂性，雷达资源管理的模型必然会很复杂。一般的雷达资源管理模型如图1.3所示。具体步骤如下。

(1) 获取雷达作战任务剖面（含任务详细计划和执行过程）或功能设置；
(2) 生成雷达探测任务；
(3) 通过优先级排序算法为任务划分优先级；

(4)通过调度算法管理可用资源,以便系统尽可能满足所有雷达功能的要求;

(5)对于非搜索任务,如果未检测到目标,则安排波束重照。具体可根据该任务优先级和调度是否过时来决定。

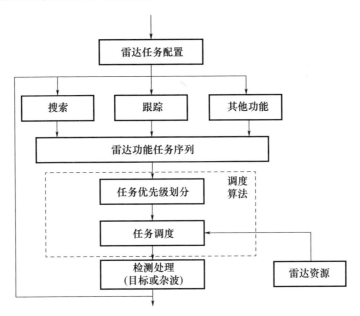

图1.3 雷达资源管理模型

雷达资源管理考虑了许多因素,包括雷达波位、驻留时间、载波频率、脉冲重复频率(PRF)和发射能量等。从上述步骤可以看出,雷达资源管理问题包含两个关键程序:任务优先级划分和任务调度。雷达资源管理算法可以分别或同时处理这两个程序。任务优先级是任务调度中的重要因素;还有一个因素是所需的调度时间,这取决于环境、目标场景和雷达功能的性能要求,可以通过使用先进算法(例如波形辅助算法和自适应数据率算法)来优化。

必须指出的是,通常传感器管理问题是协调多个传感器的使用,而本书并不讨论这个问题。

1.2 本书内容安排

本书分为六章。鉴于使用对象包括操作人员和研发人员,故聚焦应用算法解决现实挑战问题。同时,本书自始至终给出了仿真结果,从而量化评估不同调度算法的性能。

第 2 章全面概述了雷达资源管理技术。第 3 章将许多自适应雷达资源管理技术与基础的非自适应资源管理技术进行了对比。第 4 章论述了优化跟踪任务的实时调度技术。第 5 章提出并评估了雷达组网资源管理技术。第 6 章给出了结论和未来展望。

第2章 雷达资源管理技术概述

2.1 简 介

本章探讨的雷达资源管理算法分为五类,每一类都有一节内容进行专门介绍。前三类是自适应调度算法,后两类是资源导向算法。当一个算法属于多个类别时,它会被归入最合适的类别。第四类和第五类是相关的,因为更好的算法能够用更少的资源实现相同的性能,或以相同的雷达资源获得更好的性能。每个类别的雷达资源管理算法都在小节末尾的小结中给出评价。

这五个类别如下:
(1) 人工智能算法(2.2节);
(2) 动态规划算法(2.3节);
(3) 基于质量的资源分配管理算法(Q-RAM)(2.4节);
(4) 波形辅助算法(2.5节);
(5) 自适应数据率算法(2.6节)。

在第2.7节中,给出了海军研究实验室基准问题,并探讨了迄今为止提出的解决方案。最后,第2.8节给出了总结。

2.2 人工智能算法

本类算法有15篇论文值得参考[7-21]。这些论文涵盖了神经网络方法[7-9]、专家系统方法[10,11]、模糊逻辑方法[12-18]、雷达调度的熵方法[21]。文献[22]同时属于人工智能算法和波形辅助算法,将在第2.5节的波形算法类别中讨论。

2.2.1 神经网络

雷达资源管理的两个基本功能可以用神经网络实现:使用分类神经网络进行任务优先级排序,使用优化神经网络进行任务调度。

2.2.1.1 任务优先级排序

分类神经网络算法主要用于任务优先级划分。输入是所有有需求的雷达任务，约束是雷达时间和能量资源。考虑到搜索、跟踪和拦截性能要求，优化目的可以是尽量少占用雷达资源，或者是利用现有雷达资源实现探测性能的最大化。

Komorniczak 提出了一种神经网络优先级分配算法[7,8]。该算法中，将目标特征向量作为多层神经元的输入。训练数据集用于调整神经网络的权重。利用神经网络的任意非线性映射能力，使用经过训练的神经网络为所有给定的目标特征数据指定优先级数值。

该映射提供了目标优先级值，尤其是在很多目标都在竞争雷达资源时，非常有必要将雷达目标分为不同的优先级别。雷达资源将首先分配给优先级较高的目标。例如，可以使用以下目标特征：敌我属性、距离、径向速度、方位角、加速度。

目标的非数值特征被量化为数值，形成目标优先级排序过程中的输入向量。即所有特征数值都被放入一个向量中，如下所示：

x_1：敌我关系，如果我方则 $x_1=0$，敌方则 $x_1=1$；

x_2：距离(km)；

x_3：径向速度(m/s)；

x_4：方位角(°)；

x_5：目标加速度(m/s²)。

优先级划分算法如图 2.1 所示，向量 $\boldsymbol{x}$ 的分量乘以神经网络中的权重。然后将输出 u 计算为加权和，即

$$u = \sum_{i=1}^{5} w_i x_i \tag{2.1}$$

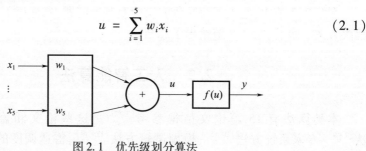

图 2.1　优先级划分算法

跟踪优先级输出由非线性函数 $f(u)$ 计算：

$$f(u) = \frac{1}{1+e^{(-bu)}} \tag{2.2}$$

该函数使用广泛，它在[0,1]中提供连续的优先级值。函数的斜率取决于参数 b。若参数 $b\to\infty$，函数变为

$$f(u) = \begin{cases} 1, & u > 0 \\ 0.5, & u = 0 \\ 0, & u < 0 \end{cases} \tag{2.3}$$

权重系数通过反向传播的学习方法生成。这种方法依赖于最小均方误差。可以定义为

$$q = \frac{1}{2} \sum_{j=1}^{N} (\delta^{(j)})^2 \tag{2.4}$$

式中

$$\delta^{(j)} = z^{(j)} - y^{(j)} \tag{2.5}$$

$z^{(j)}$ 是第 j 步学习中目标等级的均值,$y^{(j)}$ 是权重系数 $w^{(j)}$ 在第 j 步学习中计算出的目标输出值,即

$$y^{(j)} = f\left(\sum_{i=1}^{5} w^{(j)} x_i^{(j)}\right) \tag{2.6}$$

另一参数 N 为学习样本 $\langle x^{(i)}, z^{(i)} \rangle$ 的数量,U 为学习集,则有

$$U = \{\langle x^{(1)}, z^{(1)} \rangle, \cdots, \langle x^{(N)}, z^{(N)} \rangle\} \tag{2.7}$$

根据误差 q 的梯度下降方法,在学习样本集的基础上计算权重:

$$w_i^{(j+1)} - w_i^{(j)} = \Delta w_i^{(j)} = -\eta \frac{\delta q^{(j)}}{\delta w^{(j)}} \tag{2.8}$$

式中:η 为学习系数。

权重选择算法保证了建立的学习集 U 的误差 q 最小。由于学习方法兼容非线性神经网络模型和非线性神经网络学习算法,系统具有对目标进行排序和划分优先级的能力。下一阶段主要进行雷达资源管理模型的验证评估。

2.2.1.2 任务调度

任务调度优化神经网络算法用于波形调度等任务调度。Izquierdo – Fuente 使用霍普菲尔德(Hopfield)神经网络来构建神经网络算法(定义网络并选择标准来设计权重)[9],实现雷达波形调度优化。该类型神经网络不需要训练数据集。然而,它需要从调度问题中抽象出能量函数。这个能量函数用于确保神经网络能够收敛到正确的资源分配方案。文献[9]以五个目标的案例模拟证明所提出的算法。然而,该算法倾向于收敛到局部而非全局最优解。此外,该方法收敛速度较慢,在目标数量较多的情况下更慢。

2.2.1.3 小结

神经网络算法可用于任务优先级排序和任务调度。其中,分类神经网络在雷达资源管理和其他雷达应用(如航迹分类)中非常有用。由于神经网络在许

多分类应用中效率非常高,因此这种方法对目标优先排序很有用。但有一个关键的问题,生成学习数据集会显著影响神经网络算法的有效性。

2.2.2 专家系统

2.2.2.1 专家系统方法

Vannicole 和 Pietrasinski 提出了一个带有信息数据库的专家系统[10-11]。雷达资源管理专家系统架构如图 2.2 所示。此架构对于雷达参数选择、任务优先级划分和调度均可适用。专家系统可以简化为只有几条规则的调度程序。

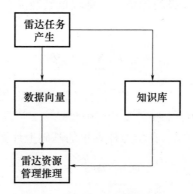

图 2.2　雷达资源管理专家系统

文献[10-11]提出了一个知识/规则库系统,该系统控制多功能雷达的参数和模式。专家系统对信号/噪声环境进行情况评估,然后对雷达系统的参数和模式进行恰当的自动优化调控。该方法包括模拟环境中的雷达软件模块开发。

此外,Vannicol 将经典解决方法与使用人工智能方法进行了比较,发现这两种方法具有相似性能。同时,还给出了一种专家系统的应用,描述了其特点,并在雷达实验系统中进行了测试。

2.2.2.2 小结

专家系统尚未在实际雷达系统中实现,取而代之的是一种类似但更灵活的模糊逻辑技术。

2.2.3 模糊逻辑

2.2.3.1 模糊逻辑方法

文献[12-18]描述了使用模糊逻辑来解决自适应调度程序的冲突。运用模糊逻辑从而将威胁和友好等属性表示为目标优先级参数。模糊逻辑还允许在共享资源的任务中引入一定程度的灵活性。Miranda 等人在文献[13,18]中提出了具有五个模糊变量(航迹质量、敌对性、武器系统、威胁和位置)的仿真架构和决策树。模糊逻辑方法为确定雷达任务的优先级提供了有效手段。现有的自适应优先级分配和基于模糊推理的算法,可用于不同作战环境下对跟踪和搜索任务进行排序。

使用图 2.3 所示的决策树评估目标的优先级,确定优先级所需的信息由跟踪算法提供。可根据五个不同变量的信息来确定优先级:(1)航迹质量;(2)敌对性;(3)武器系统(描述平台的武器系统能力);(4)威胁度;(5)位置。

航迹质量,是指目标跟踪预测的精度,而非直接探测精度。

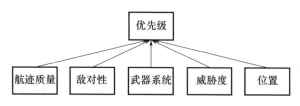

图 2.3　目标优先级评估的决策树

敌对性,是一个与四个变量相关的模糊变量:目标距离、目标绝对速度、身份属性以及目标接近的方式。根据目标接近的方式、绝对速度、距离和身份属性的不同,跟踪的优先级可能会有所不同。

武器系统,这一变量表征了目标相对于雷达武器系统的重要性。为了评估其重要性,可以利用三个变量:目标的身份属性、武器系统的作战范围以及目标的射程与绝对速度之间的比值。

威胁度,由目标的轨迹和身份属性来表示。它结合了四个模糊变量:高度、机动、绝对速度和相对于目标移动轨迹的速率。注意敌对性和威程度是密切相关的概念,但它们结合了不同的模糊变量。

位置,由目标的距离和方位角的模糊值组合表征。模糊值可取多个。

表 2.1 给出了一些模糊值的例子。根据模糊规则确定模糊变量的模糊值后,确定目标的优先级。

表 2.1　用于目标优先级分配的模糊变量示例

模糊变量	模糊值
航迹质量	非常低、低、中低、中、中高、高、非常高
敌对性	非敌对、未知、敌对
武器系统	低、中、高
威胁度	非常低、低、中低、中、中高、高、非常高
位置	近、中、远

Stoffel 使用动态模糊逻辑方法进行基于"黑板"架构的波形选择和能量管理,并开发了武器系统仿真试验平台和分析工具[14]。

模糊逻辑处理系统包括三个步骤:模糊化、模糊规则和去模糊化。

2.2.3.2 小结

在相控阵雷达模拟器中,开发并实现了模糊逻辑控制器。实验表明,这种模糊逻辑控制器能够对目标进行优先级排序,可据此进行资源调度。模糊控制器的处理速度很快,在实际雷达系统中应用较为广泛。因此,模糊逻辑算法常用作衡量其他算法的基准。

2.2.4 熵

2.2.4.1 熵算法

熵算法是由 Berry 和 Fogg 提出的[21],其雷达资源管理使用了信息熵的概念。该算法特别适用于不确定性大,时间和资源受限的雷达系统,如相控阵雷达航迹更新的调度。

该算法目标是使用单个多功能相控阵雷达通过分时观察来跟踪多个独立目标、确定它们的位置并更新轨迹。理想情况下,每个目标的更新间隔应尽可能小,以最大限度地提高目标在波束内的发现概率。另外,驻留时间应尽可能长,使得信噪比最大化,从而提高检测概率,同时保持较低虚警率。

然而,雷达时间资源通常需要与许多其他目标以及搜索和武器制导任务共享。如果更新数据率过低或驻留时间过短,则可能无法检测到目标。目标的失跟处理,需要以更高的优先级安排额外的照射,对其重访。该决策会随着时间的推移进行权衡,以确保有效利用雷达资源;同时,随着雷达资源饱和,熵算法的性能会下降。

假设有 N 个目标需要跟踪,每个目标有如下动态方程:

$$x(k+1) = F(k)x(k) + v(k) \tag{2.9}$$

观测方程由下式给出:

$$z(k) = H(k)x(k) + w(k) \tag{2.10}$$

式(2.9)和式(2.10)中,$v(k)$ 和 $w(k)$ 是零均值、高斯白噪声的序列,通常由卡尔曼滤波跟踪器决定;$x(k)$ 在时刻 $t_k = 0,1,\cdots,$ 是一个多元高斯分布,由其均值 $\hat{x}(k)$ 和协方差矩阵 $\boldsymbol{P}(k)$ 估计。

为了进行波束调度以保持航迹,最关键的是在协方差矩阵中表示目标方位角和仰角误差的参数,即时刻 t 的第 i 个目标的 $Q_i(t)$。表示位置不确定性的熵由下式给出:

$$h_i(t) = \frac{1}{2}\log\{4\pi^2 e^2 |Q_i(t)|\} \quad (2.11)$$

其中，$|Q_i(t)|$ 是 $Q_i(t)$ 的行列式。

在时刻 t，N 个独立目标的联合相关熵为

$$H(t) = \sum_{i=1}^{N} h_i(t) \quad (2.12)$$

$$= \frac{1}{2}\sum_{i=1}^{N} \log\{4\pi^2 e^2 |Q_i(t)|\} \quad (2.13)$$

式(2.13)提供了目标不确定相关情况下，对所有目标平衡分配资源的方法。也就是说，该最优控制问题可以公式化，以便将不确定性可接受水平作为一个指定约束条件。雷达资源管理问题就变成了在保持不确定性水平的同时，使资源消耗最小化的问题。该方法适用的场景为：首先满足必须跟踪的高优先级目标，余下资源用于低优先级目标和其他功能。

2.2.4.2 小结

熵算法提供了一种新的跟踪优先级排序方法。在实际中，需要一个单独的任务调度程序来完成熵算法跟踪优先级排序。可以看出，熵取决于不确定协方差矩阵的滤波器设计。在实际应用中，目标动力学条件未知的情况下，熵计算将不准确。为了更加准确，这需要在跟踪器中进行自适应滤波。未来的研究，还需衡量这个算法是否比前述算法（如神经网络算法和模糊逻辑算法）性能更佳。

2.3 动态规划算法

关于动态规划(DP)算法，有20多篇论文可参考[23-42]。与基于人工智能的算法不同，动态规划算法试图同时解决任务优先级和任务调度问题。

2.3.1 实例

动态规划方法可以用一个简单的三个目标的调度问题来说明。假设雷达有5s的时间资源可以分配给三个目标以进行跟踪更新。每个目标都提交了一些关于它打算如何使用雷达时间的需求。表2.2给出了生成的需求，其中每个需求都给出了调度成本(c)和总性能增益(r)。

每个目标将只允许执行其中的一个方案。目标是最大限度提高5s内三个分配所带来的整体得益。同时还假定任何5s内未得到时间分配的目标都会丢失，就像在真正的雷达中一样。

表 2.2 跟踪规划选项

方案	c1	r1	c2	r2	c3	r1
1	0	0	0	0	0	0
2	1	5	2	8	1	4
3	2	6	3	9	×	×
4	×	×	2	12	2	7

解决此问题的一种简单粗暴的方法,是尝试所有可能性并选择最佳的总性能增益。在这种情况下,共有 $3 \times 4 \times 2 = 24$ 种时间资源分配方式。其中许多是不可行的。例如,目标 1 选择方案 3、目标 2 选择方案 2、目标 3 选择方案 4 共需花费 6s,超出时间 5s 的资源约束。有些方案可行但很差,例如目标 1 选择方案 1、目标 2 选择方案 1、目标 3 选择方案 2,虽然可行,但性能增益只有 4。

2.3.2 计算的挑战

简单穷举方法有一些严重的缺点:
(1) 对于大规模问题,枚举所有可能的解决方案在计算上不可行;
(2) 无法预先检测到不可行的组合方案,导致效率低下;
(3) 已验证的不可行组合方案的信息不会用于消除其他类似情况。

还要注意,这个问题不能表述为线性问题,因为性能增益不是一个线性函数。针对该优化问题的方法之一是动态规划算法,它计算所有航迹的最佳雷达资源分配。由于大规模(高维度)情况的计算要求,寻求更有效的算法是热门的研究领域。还应注意到随着计算能力的增加,动态规划算法将变得更加实用。

2.3.3 动态规划算法

Scala 和 Moran 研究了自适应波束调度问题[23],以使相控阵雷达最大限度地减少目标跟踪误差。结果表明,这是一个特殊的动态规划问题,即老虎机问题。Krishnamurthy 和 Evans 提出了电子扫描阵列跟踪系统的最优和次优波束调度算法[24]。调度问题被表述为隐性马尔科夫模型的多臂老虎机问题。

Wintenby 和 Krishnamurthy 提出了一种更通用的优化方法[25],从而得到了一个双时标调度方案,并将慢时标资源分配制定为动态规划优化问题。雷达性能被抽象为性能指标,根据预测的航迹准确性和连续性来定义。这是在慢速时标下进行的,可用离散的时间约束马尔科夫链模型表示。拉格朗日松弛算法被用来优化雷达的动态性能标准(MOP)。

Wintenby 提出了两种在相控阵雷达系统中安排更新和搜索任务的方法[26]。第一种方法是基于运筹学理论的动态规划。另外一种是基于具有人工智能背景的时间逻辑的时间推理方案。在文献[28]中,Elshafei 等人提出了一种基于拉格朗日松弛技术的新的 0-1 整数规划方法,用于解决雷达脉冲交错问题。

还有两种优化算法值得注意。Orman 的分析集中在雷达作业耦合任务的指标要求上[31]。耦合任务调度器在雷达作业中使用空闲时间交错其他雷达作业,并在提高雷达时间的利用方面是独一无二的。Duron 和 Proth 提出了基于时间平衡的算法[35],并在 MESAR 实验系统中应用。这两种算法性能相近。Duron 和 Proth 还提出了一项策略,考虑到优先事项,最大限度地增加执行的有用任务的数量。

由于雷达配置、目标和杂波情况的不同性质,雷达资源管理算法的性能评估一直是个难题。动态规划算法是指数密集型的,并投入了大量精力来开发近似和更快的版本,如文献[25-26]。Proth 和 Duron 为这个实时调度问题定义了一个正式的框架[37],并引入了一个局部搜索方法来计算如何进行雷达的有效调度。该算法是基于 V 型成本函数进行实时雷达调度的一个很好的算法,并给出了雷达调度问题的代价下限集合。

2.3.4 小结

动态规划方法是一种非线性优化方法,在自适应雷达控制方面应用很多,为雷达资源管理问题提供了一个可行的解决方案。与目标优先级算法相比,动态规划算法包括雷达配置和参数维度,并优化所有航迹的整体性能。然而,这是以增加数学公式和数值优化的复杂性为代价的。迄今为止公布的结果做出了几个理论假设,例如特定的雷达配置、大范围的雷达参数选择。在实践中,雷达设计受限于某些物理和实际边界,例如能量、驻留时间和脉冲重复频率。现在动态规划算法需要结合现实雷达约束研究。

2.4 基于质量的资源分配管理算法

基于质量的资源分配管理算法(Q-RAM)可以参考文献[43-46]。与动态规划算法类似,基于质量的资源分配管理算法同时解决任务优先级和任务调度问题。

2.4.1 简介

基于质量的资源分配管理算法基于服务质量(QoS)的概念。优化雷达系统以保持可接受的服务质量水平,即构建性能的成本函数。由于环境的不同性质,基于服务质量的资源管理必须适应环境,例如温度、噪声等。因此,一整套资源约束(例如功率、能源等)用于约束该算法。

2.4.2 数学公式

基于质量的资源分配管理算法解决的基本问题如下。给定一组任务,分配一个设定点,使系统效用最大化并且保证资源利用率不超过其上限,它可以定义为

$$\text{Maximize}: \sum_{i=1}^{n} u(v_i) \qquad (2.14)$$

约束:

$$\forall \leqslant k \leqslant n, 1 \leqslant i \leqslant n, r_{ik} = g_{ik}(v_i) \qquad (2.15)$$

$$\forall \leqslant k \leqslant n, \sum_{i=1}^{n} r_{ik} \leqslant r_k^{\max} \qquad (2.16)$$

其中,$g_{ik}(v_i)$ 和 $u(v_i)$ 分别是所需的资源量 k 和在设定点 v_i 处处理任务 T_i 的效用。虽然找到最优资源分配是 NP 难题,但基于质量的资源分配管理算法使用凹优化函数来减少设置点的数量找到近似最优的解决方案。

2.4.3 基于质量的资源分配管理具体算法

2.4.3.1 基于质量的资源分配管理算法框架

基于质量的资源分配管理算法的雷达管理框架(图 2.4)包含三个主要模块[47]。

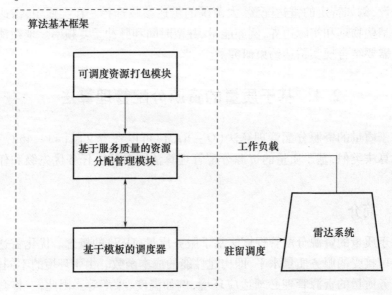

图 2.4 基于质量的资源分配管理算法基本框架

(1)基于质量的资源分配管理算法模块是一种资源分配工具,它使用试探式和非线性规划的组合来进行快速凸优化。在考虑各种因素后为雷达任务分配参数,包括任务重要性和当前资源利用率水平。基于质量的资源分配管理算法将全局系统误差降至最低。这个目标也可以看作是效用最大化。

(2)可调度资源打包模块是预先计算好的可调度性范围,它为基于质量的资源分配管理算法提供了调度操作的分析模型。由于基于质量的资源分配管理算法是一个凸优化引擎,调度模块被转化为一个凸约束。满足这个约束意味着任务集是大概率可调度的。

(3)最后一个模块是一个基于模板的底层调度器,它根据基于质量的资源分配管理算法计算的参数生成驻留时间表。因为可调度模块是离线计算的,并且不知道运行时的系统状态,所以它只是一个近似的可调度性测试。基于模板的调度器在无法调度任务时向基于质量的资源分配管理算法提供反馈,基于质量的资源分配管理算法使用此信息更新其调度约束。类似地,当调度器生成的驻留时间表未充分利用天线的资源时,它也会向基于质量的资源分配管理算法发出信号以调整调度约束。

2.4.3.2 运用基于质量的资源分配管理框架的算法

该类算法的重点是对相控阵雷达系统中给定执行时间的雷达任务进行可行性分析。例如,文献[43]提出了一种基于保证调度的实时雷达调度方法,该方法使系统在调度条件成立时能保证性能要求。

Shih 等人使用基于模板的调度算法,其中离线构建一组模板,并在运行时将任务放入模板中[44,45]。模板考虑了时序和能量约束。另外还考虑了驻留交错,允许在一个目标上形成接收波束,同时对另一个目标进行照射。模板的留空间隔约束限制了可以使用的模板数量,离线设计的服务类别决定了如何将服务质量操作点分配给预期操作范围内的离散任务。Goddard 等人[46]使用数据流模型解决了雷达跟踪算法的实时截止调度问题。

Rajkumar 等人提出了雷达服务质量优化算法[5,6]。该算法使用自适应服务质量中间件框架在雷达系统中进行服务质量的资源分配和可调度性分析[48]。

在文献[48]中,Ghosh 等人提出了一个用于效用最大化和持续调度的集成框架。提出了调度模块和时间距离约束任务模型等新概念。与基本基于质量的资源分配管理算法相比,试探式算法用于实现优化时间可减少两个数量级,能在 700ms 内执行 100 个任务的雷达服务质量优化和调度。

调度中反复出现的一个内容是威胁等级和调度优先级之间的冲突。仅基于威胁等级的调度会导致低效的系统行为和较差的资源利用率。另外,使用最早截止期优先(EDF)或单调速率(RM)优先级的实时调度忽略了威胁等级,但提高了资源利用率。有学者根据威胁等级为任务分配权重来调和这些冲突,这些权重用来调节跟踪精度,使基于质量的资源分配管理算法在确保系统满足调度约束的同时最大限度地减少整体误差,因此系统性能将是可预测的,并且在没有忽视威胁等级重要性的同时,提高了资源利用率。可以在文献[47,49]中找到该算法的更多细节。

2.4.3.3 其他基于质量的资源分配管理算法

Gopalakrishnan等人[50,51]提出了一种用于雷达跟踪应用的服务质量优化和持续调度方案。使用基于质量的资源分配管理方法进行服务质量优化,采用一种有限范围的调度算法,提出并实现了服务质量资源管理图表的仿真模型。

Harada等人[52]提出了一种新的控制方法,用于平衡资源分配和单个任务最大化服务质量。在提出的自适应服务质量控制器中,根据当前服务质量级别与其平均值之间的差值,将资源公平分配给每个任务。所提出的控制器不需要像传统反馈控制方法那样对代价函数进行精确计算。与解决非线性问题的直接方法相比,该方法计算复杂度非常低,能够使准实时的系统任务效用最大化。然而,算法在雷达应用中的表现该文并未描述。

2.4.3.4 小结

基于质量的资源分配管理算法的优化目标是在每个任务的操作空间中选择一个点或设定一个点,使全局系统资源利用率最大化。资源利用率被描述成设定点、环境和用户定义的利用率函数。基于质量的资源分配管理算法能够快速找到接近最优的调度方案。特别是当利用率曲线是凹的时,基于质量的资源分配管理算法将很好地获得调度方案。这符合边界效应,即需要越来越多的资源来获得效用的后续提升。

基于质量的资源分配管理类算法是一种非线性优化方法,最初是在无线应用的背景下开发的,其中QoS是一种典型的性能衡量指标。在雷达应用中,这些算法处于研究阶段,目前,已发表的结果只提出了高维空间中理想参数的复杂方法,导致了极其困难的组合问题。例如,一个具有十个服务质量维度和十个质量等级的应用程序意味着雷达可以有多种配置方式。对基于质量的资源分配管理算法进行评估并与本章讨论的其他算法进行比较是一个值得研究的课题。

2.5 波形辅助算法

2.5.1 简介

该类算法设有一个任务优先级和调度模块,它通过波形选择减少时间、能量和处理资源开支来提高雷达资源使用效率。波形分集是在具有干扰的复杂沿海环境中优化雷达性能的一种有效方式。在多功能相控阵雷达中,为搜索、确认、跟踪和识别安排了不同的波形。波形选择可以使用神经网络或其他优化技术实现。波形选择可以在脉间或脉组间进行。固定和可变波形库均已在文献中出现[53-69]。

2.5.2 神经网络实现算法

Huizing分析了遮蔽、盲速、杂波、传播和干扰等影响雷达性能的因素[22]，这些因素可作为非线性函数的输入。使用多层神经网络对非线性函数进行建模；利用CARPT雷达测试床可以生成波形参数和探测性能的训练样本；训练阶段结束后，利用后向传播神经网络来计算，从多维波形参数空间中选定合适的波形满足雷达检测性能需求。

2.5.3 基于波形选择的概率数据关联算法(WSPDA)

传统的检测和跟踪算法可以被扩展到波形选择上。例如基于波形选择的概率数据关联算法(WSPDA)，它是传统概率数据关联(PDA)跟踪算法的改进方法[53]。该算法使用卡尔曼滤波跟踪[54]在杂波中检测单个目标。进行匹配滤波时，波形参数会在跟踪子系统中起作用，在下一个发射时刻可进行波形参数选择以使跟踪均方误差最小化，即在一维目标运动情况下每次发射前提前一步准备好自适应波形。

与传统有源发射跟踪系统区别在于，新系统在传统跟踪模块之后增加了一个波形优化模块，如图2.5所示。因此，新系统可以主动控制发射的波形。

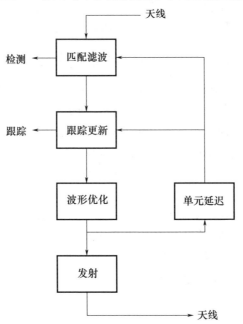

图2.5 基于波形选择的概率数据关联跟踪系统

2.5.4 其他波形辅助算法

Howard 提出了一种波形辅助交互多模型(IMM)跟踪算法[55]。该算法通过将下次探测的目标动态模型的预期信息最大化,使得跟踪器能够通过选择波形降低感兴趣目标的动态模型不确定性。该算法还包括了用于目标跟踪应用的波形库设计,定义了波形利用率的度量指标,用于准确衡量库中添加特定波形的收益。

Suvoroval 在文献[56]中提出了一种波束和波形调度跟踪算法,称为偏执跟踪算法,对实现雷达资源管理统一监视和跟踪的实用方法进行了初步研究,该算法在雷达的视野范围内引入永久存在的虚拟目标,偏执跟踪算法因此得名。

其他波形辅助检测、跟踪和分类算法可以在文献[57-62]中找到。Scala 等人提出了一种用于在有限随机动态规划的背景下检测新目标的自适应波形调度方法[57]。该算法能够最大限度地减少截获新目标所需的时间,同时最大限度地减少雷达资源的消耗。Scala 等人提出了一种跟踪误差最小化算法[58]。Sowelam 和 Tewfik 提出雷达波形设计以优化目标分类[59],通过充分鉴别回波信号信息使波形设计决策的时间最短。

2.5.5 自适应雷达文献综述

Haykin 等人介绍了自适应雷达的文献综述[68]。主要讨论了三个方向:一是自适应雷达的可控参数;二是雷达发射的物理机理;三是检测、跟踪和分类。

2.5.6 DARPA 海军应用自适应波形设计研究计划

2005 年,美国国防高级研究计划局(DARPA)通过海军研究实验室(NRL)赞助了一项针对海军应用的自适应波形设计研究计划[69]。该项目研究了在复杂海上环境中检测低仰角和小雷达截面积(RCS)目标的自适应波形设计。该项目的团队成员包括:伊利诺伊大学芝加哥分校、圣路易斯华盛顿大学、亚利桑那州立大学、马里兰大学、墨尔本大学、普林斯顿大学、普渡大学、国防科技组织(DSTO)和雷神导弹系统公司。

该项目的目的是在严重杂波条件下的海洋和沿海环境中,在探测、识别和跟踪低仰角以及小雷达截面积目标方面取得实质性改进。与环境匹配的发射波形将与波形参数、库、复杂环境的真实模型和信号处理方法的设计相结合,实时优化波形选择,以实现有效性能提升。

2.5.7 小结

雷达和通信界对波形分集进行了广泛研究,为解决雷达资源管理问题提供了新的思路。在许多作战系统中使用了不同的波形。这些波形是一个有限的、固定的波形库。未来的趋势将是动态自适应生成波形,对环境和目标运动敏感。此外,为特定任务或目标寻找有效波形是一项挑战。更好的波形可以在节省时间和能量资源的同时,保持雷达性能水平不下降。

2.6 自适应数据率算法

2.6.1 简介

自适应数据率算法是使用统一数据率的传统跟踪算法的扩展。数据率与杂波特性、目标机动水平和所需的跟踪性能密切相关。与波形辅助算法类似,自适应数据率算法优化卡尔曼滤波器更新间隔。增大更新间隔会减少雷达资源使用。因此,自适应数据率算法是资源辅助算法,该类别共收录23篇论文[70-92]。

2.6.2 自适应数据率跟踪的基础

Daum 和 Fitzgerald[70]研究了使用各种坐标系下协方差解耦卡尔曼跟踪方法,这带来了三个好处:一是降低计算成本;二是减轻病态矩阵影响;三是降低非线性效应。

本节为可变数据率、病态矩阵和非线性问题较为严重的相控阵雷达跟踪奠定了基础。

2.6.3 自适应数据率交互式多模型-多假设跟踪(IMM-MHT)算法

Keuk 和 Blackman[71]提出了一种自适应数据率跟踪算法。基于相控阵雷达的简单模型、波束调度、定位和雷达参数(如信噪比),计算能量资源最优化检测阈值,推导出搜索期间用于跟踪维持的最小能量资源代价。

重访时间间隔取决于被跟踪目标的精度需求。若设 $\hat{x}(k+1|k)$ 是在 $k+1$ 时刻的预测目标状态,$P(k+1|k)$ 是 k 时刻以前(含)所有观测量的协方差矩阵。令 G 表示协方差矩阵分解出的 u,v 子空间构成的空间椭圆体中的长轴,反映预测目标位置误差,G 是随时间变化的增函数,很自然地描述了跟踪目标精度随重访时间间隔增加而降低。u,v 空间中的相对航迹精度用于计算下一次重访时间 $k+1$。

$$G(k+1|k) = P_0 B \tag{2.17}$$

因此,与波束宽度 B 相关的最大允许跟踪误差仅为 P_0,即无量纲轨迹锐度参数。图2.6使用式(2.17)说明了 G 作为时间函数的变化规律。锯齿结构反映了跟踪滤波精度随重访时间间隔的增加而降低。当误差 G 达到阈值时,建议进行航迹更新。滤波器获得新的观测值后,G 减小。由于初始轨道的不确定性,对刚截获的目标采用高数据率(短重访时间间隔)跟踪,然后在跟踪稳定后可根据 G 的阈值适当延长重访时间间隔。

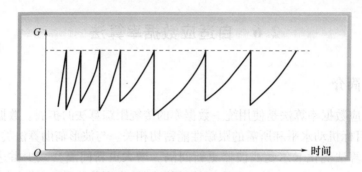

图 2.6　跟踪误差的时间特性

文献[72]中,通过使用自适应动力学模型和目标精度信息,Koch 设计了有效控制目标重访间隔、雷达波位和每次驻留能量的算法,并通过仿真分析了算法性能。

2.6.4　其他自适应数据率算法

Shin[73] 提出了相控阵雷达的自适应数据率交互式多模型(IMM)算法。该算法的目的有两个:一是估计和预测目标状态;二是估计动态处理噪声水平。该算法计算更新间隔,使雷达跟踪数据率尽可能小,从而减少波束驻留对时间资源的消耗。Leung[74] 通过使用霍普菲尔德神经网络进行估计,从而解决固定模板的动态优化问题。然而,霍普菲尔德神经网络并不实用,因为它很难找到全局最优解。

Sun – Mog 和 Young – Hum[75] 考虑了跟踪数据率的最优调度以最大化利用雷达能量资源,这是一个非线性最优控制问题。Keuk 和 Blackman[71] 还提出了一个用于多目标跟踪任务的简单模型。波束调度和雷达参数根据雷达/计算机负载进行优化。Tei – Wei[76] 提出了一种更现实的基于数据率的方法,其中考虑了实时驻留调度并有明显的性能改进。这类算法与下一节中讨论的 NRL 基准解决方案有一些类似,因为它们都考虑了通过雷达参数优化来获得更好的跟踪性能。

2.6.5　小结

雷达系统已广泛使用了此类自适应数据率算法。然而,最佳自适应跟踪率仍是一个热点问题。自适应跟踪率算法的难点之一是,跟踪参数比使用相同或相近数据率的算法更难优化。这是因为跟踪滤波器中的噪声矩阵与数据率多项式函数具有相关性。当数据率急剧变化时,白噪声矩阵与真实目标动态噪声矩阵难以匹配。因此,有必要为具有自适应数据率的目标跟踪制定特殊的动态噪声模型。

2.7 NRL 基准问题和解决方案

在本章中,回顾了相控阵雷达跟踪基准问题,相关论文有 18 篇[93-110]。这些论文对基准问题和解决方案都进行了讨论。

2.7.1 NRL 基准问题

三个基准测试问题是由 Blair、Watson、Hoffman 和 McCabe 提出的[93,99,109]。基准测试代码是用 MATLAB 编写的,测试跟踪算法也将用 MATLAB 编写,严格遵守输入/输出格式。

第一个基准测试问题是相控阵雷达针对高度机动目标的波束指向控制。该基准测试包括目标回波起伏、波束形状、漏警、有限分辨率、目标机动和失跟的影响。

第二个基准测试问题是第一个的扩展,额外考虑了电子对抗(ECM)和虚警的存在。

第三个基准测试考虑密集目标(CSO)和海面反射引起的多径效应,它还包括红外搜索和跟踪(IRST)与精密电子测量(PESM)等传感器的模拟。

基准测试包含以下内容:

(1)由美国海军实验室在 1994 年(基准测试 1)[93]、1995 年(基准测试 2)[99]和 1999 年(基准测试 3)[110]资助;

(2)60×60 数组(3600 个元素,基准测试 1、2 和 3);

(3)4GHz 单脉冲雷达(基准测试 1、2 和 3);

(4)6 个机动目标(基准测试 1 和 2)和 12 个机动目标(基准测试 3);

(5)性能标准是能量和时间的加权平均值(基准测试 1、2 和 3);

(6)考虑虚警(基准测试 2 和 3);

(7)考虑电子对抗(ECM)、远距支援干扰器(SOJ)和距离拖引(RGPO)(基准测试 2 和 3);

(8)考虑海面引起的多径效应和密集目标(CSO)(基准测试 3);

(9)模拟其他传感器,例如红外搜索跟踪(IRST)和精密电子测量(PESM)(基准测试 3)。

2.7.2 基准测试问题的解决方案

基准测试问题的流程图如图 2.7 和图 2.8 所示。每个基准测试对每一个跟踪算法进行测试。对于每个实验，跟踪误差、雷达能量和时间都得到了优化。在最后一次蒙特卡罗实验中，计算了维持航迹的平均跟踪误差、每秒平均雷达能量资源和每秒平均雷达时间资源消耗，并计算了失跟航迹的百分比。如果真实目标位置和目标位置估计之间的距离超过角波束宽度或 1.5 个距离门，则认为航迹丢失。失跟航迹的数量不得超过 4%。当实际雷达系统中存在虚警和 ECM 时，需要进行重新捕获或外推平滑算法，以保持轨迹连续。

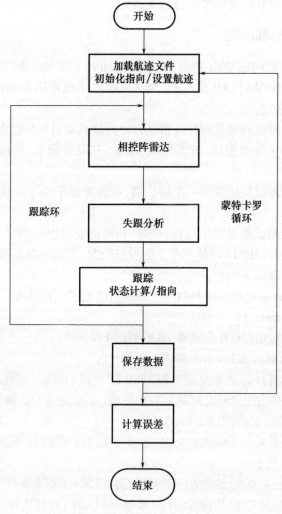

图 2.7 基准测试 1、2 流程图

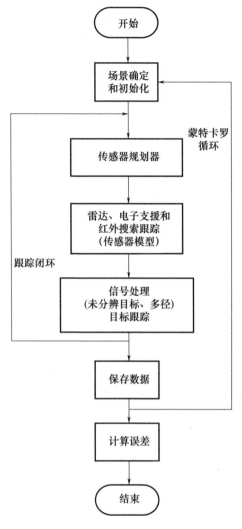

图 2.8 基准测试 3 流程图

自从提出基准测试问题以来,已经提出了许多解决方案,例如 IMM - 多假设跟踪算法(MHT)、alpha - beta 滤波器、概率数据关联滤波 IMM 估计算法(IMMPDAF)、自适应 IMM 和 CSO 跟踪算法[100-102,108,110]。这些方案的结果总结如下。

2.7.3 基准的解决方案 1

有关基准测试 1 的文献结果比其他两个基准测试多。较长的更新时间间隔代表方案更优。Alpha - beta 实现了 0.85s 的更新时间间隔,卡尔曼滤波器实现了 1s 的更新时间间隔。H - infinity 滤波器也实现了大约 1s 的更新时间间隔。

IMM 算法的更新时间间隔如下：

(1) 双模 IMM 算法：1.3s。

(2) 三模 IMM 算法：1.5s。

(3) 自适应三模型 IMM 算法：2.3s。

2.7.4 基准的解决方案 2

对于基准测试 2，自适应卡尔曼滤波器实现了 1.2s 的更新时间间隔，而 IMMPDAF 实现了 2.4s 的更新时间间隔。IMM-MHT 结果已经有文献进行了分析，但没有详细的结果比较。在计算上，IMM-MHT 比 IMMPDAF 花费的时间长五倍。

2.7.5 基准的解决方案 3

基准测试 3 几乎未见文献提及，迄今为止只有一份出版物[110]，Sinha 等人提出了如下一些算法：

(1) 与传统检测和跟踪算法相比，提出了性能增强的检测和跟踪算法；

(2) 提出了最大似然(ML)角度估计器的改进版本，它可以从一次检测中获得两个测量值，并提出一个改进后的广义似然比测试(GLRT)来检测两个未解析目标的存在。

(3) 当使用传统的单脉冲测角方法时，海面引起的多径会在仰角测量中产生严重的偏差。提出了最大似然角度测量改进版本，它几乎可以无偏地测量仰角值并显著提高了航迹精度。还提出了两个距离较近的目标和靠近海面飞行的目标的高效雷达资源分配算法。

(4) 提出了交互多模型概率数据关联滤波(IMMPDAF)算法。双模型 IMM-PDAF 的性能优于之前基准测试中使用的三个模型版本。此外，具有坐标转换模型的 IMMPDAF 具有比使用维纳过程更好的收敛性能。

所提出的信号处理和跟踪算法以闭环方式运行，为基准测试 3 提供了有效的解决方案。

2.7.6 小结

在基准测试问题中，数据率和能量资源按需求进行分配，但没有考虑所需资源是否可用。这是所有基准测试问题的缺点。

基准测试 3 是海军应用的基准测试问题中最实用的。然而，三个基准测试都是为目标跟踪评估而设计的，只考虑了没有优先级的跟踪任务，因此，它只是雷达资源管理解决方案的一部分。特别是，由于它在搜索和优先跟踪任务时没有考虑波束调度，因此来自跟踪滤波器的每个目标点迹都需进行检测，进而会消耗一些雷达资源。

基准测试 3 没有考虑综合 IRST 和 PESM 进行目标检测,下一步研究可以加入其他传感器以提高雷达资源管理性能。

所有基准测试问题都使用简化的性能标准。更高级的性能标准有待下一步探索。

2.8 总　　结

本章介绍了雷达资源管理算法的概述。算法分为五类:人工智能算法、动态规划算法、基于质量的资源分配管理(Q-RAM)算法、波形辅助算法和自适应数据率算法。在这五类中,前三类是自适应调度算法,其余两类是资源辅助算法。还讨论了美海军实验室相控阵雷达基准测试问题和解决方案。

第 3 章 自适应与非自适应管理技术比较

本章通过建模和仿真比较了雷达资源自适应管理管理技术与非自适应管理技术的性能。3.1 节详细说明了用于量化性能的计算指标。3.2 节描述了用于比较的仿真工具 Adapt_MFR。在第 3.3 节中,描述了雷达资源自适应管理技术,并具体量化了自适应优先级、调度和跟踪数据率。3.4 节给出了典型场景及其比较结果。

3.1 性能指标

雷达资源管理涉及很多雷达组成部分,其性能由雷达整体性能决定。具体来说,雷达资源管理是针对调度器、检测器和跟踪器进行评估的,其中检测和跟踪是多功能雷达的两个主要功能。

3.1.1 调度器性能指标

调度器性能指标是与多功能波束调度的及时性直接相关的指标,具体如下。

最大延迟(MD)是所有调度波束的最大延迟。MD 可应用于不同的功能,如监视最大延迟(SMD)和跟踪最大延迟(TMD)。

累积延迟(AD)是所有调度波束的延迟总和。AD 可以应用于不同的功能,例如监视累积延迟(SAD)和跟踪累积延迟(TAD)。

调度比率(RS)是调度波束数与雷达任务波束总数的比值。

搜索占用率(SO)定义为搜索时间与总时间的比率。

跟踪占用率(TO)定义为跟踪时间与总时间的比率。

在计算 SO 和 TO 时,航迹确认被视为检测过程的一部分,确认检测以决定是否应为目标初始化航迹(起批)。

3.1.2 检测性能指标

检测概率(P_d)定义为特定目标的检测概率。

帧时间(F_T)定义为第一个检测波位的重访时间。通常,雷达在完成所有搜索波位后返回搜索第一个波位。当存在不同优先级的区域时,可以为特定区域定义帧时间。

3.1.3 跟踪器性能指标

目标估计精度(target indication accuracies):是真实目标位置和估计航迹位置之间误差的量度。目标估计精度是针对距离、方位角和仰角测量的。

$$TIA_R(j,i) = \hat{R}(j,i) + \hat{\dot{R}}[t(j,i+1) - t(j,i)] - R(j,i+1) \tag{3.1}$$

$$TIA_\theta(j,i) = \hat{\theta}(j,i) + \hat{\dot{\theta}}[t(j,i+1) - t(j,i)] - \theta(j,i+1) \tag{3.2}$$

$$TIA_\phi(j,i) = \hat{\phi}(j,i) + \hat{\dot{\phi}}[t(j,i+1) - t(j,i)] - \phi(j,i+1) \tag{3.3}$$

其中:TIA 为单个目标的单次测量精度;R 为距离(m);θ 为方位角(rad);ϕ 为俯仰(rad);j 为目标批号;i 为测量索引序号;形如 $\hat{x}$ 则为估计值(m 或 rad);形如 $\dot{x}$ 则为 x 平均值(m/s 或者 rad/s)

单个目标的总测量精度(aggregate target indication accuracies per target),通过计算每个目标的目标估计精度的平均值和标准差来获得。这些数据显示了单个目标的跟踪质量。

$$\overline{TIA_R}(j,i) = \frac{\sum_{i=1}^{I} TIA_R(j,i)}{I}, \tag{3.4}$$

$$\overline{TIA_\theta}(j,i) = \frac{\sum_{i=1}^{I} TIA_\theta(j,i)}{I}, \tag{3.5}$$

$$\overline{TIA_\phi}(j,i) = \frac{\sum_{i=1}^{I} TIA_\phi(j,i)}{I}, \tag{3.6}$$

$$TIA_{\sigma R}(j) = \sqrt{\frac{\sum_{i=1}^{I}(\overline{TIA_R}(j,i) - TIA_R(j,i))^2}{I-1}} \tag{3.7}$$

$$TIA_{\sigma \theta}(j) = \sqrt{\frac{\sum_{i=1}^{I}(\overline{TIA_\theta}(j,i) - TIA_\theta(j,i))^2}{I-1}} \tag{3.8}$$

$$TIA_{\sigma \phi}(j) = \sqrt{\frac{\sum_{i=1}^{I}(\overline{TIA_\phi}(j,i) - TIA_\phi(j,i))^2}{I-1}} \tag{3.9}$$

其中:TIA 为单个目标的单次测量精度(m 或 rad);$\overline{TIA}$ 为单个目标的所有测量精度的平均值;R 为距离(m);θ 为方位角(rad);ϕ 为俯仰(rad);j 为目标批号;i 为测量索引号;I 为测量目标总数。

所有目标的目标总测量精度(aggregate target indication accuracies for all target),则为所有单个目标 TIA 平均值的几何平均值。该值可以衡量跟踪器对所有目标的总体表现。这些总值用距离、方位角和高度等表征。

$$GM\_\overline{TIA}_R(j,i) = \sqrt[J]{\prod_{j=1}^{J}\overline{TIA_R(j)}} \qquad (3.10)$$

$$GM\_\overline{TIA}_\theta(j,i) = \sqrt[J]{\prod_{j=1}^{J}\overline{TIA_\theta(j)}} \qquad (3.11)$$

$$GM\_\overline{TIA}_\phi(j,i) = \sqrt[J]{\prod_{j=1}^{J}\overline{TIA_\phi(j)}} \qquad (3.12)$$

其中：$\overline{TIA}$ 为单个目标的所有测量精度的平均值；$GM\_\overline{TIA}$ 为所有目标的几何平均目标测量精度；R 为距离(m)；θ 为方位角(rad)；ϕ 为俯仰(rad)；j 为目标批号；I 为测量次数。

航迹完整性(track completeness)定义如下：

$$TC = \frac{目标跟踪的总时长}{探测区域内目标出现总时长} \qquad (3.13)$$

航迹的起算时间有两种情况：一是目标进入探测区域后首次被确认跟踪的时刻；二是已经被跟踪的目标进入探测区域的时刻。式(3.13)中分子的起算时间为两者间较晚的一种情况。

航迹的结束时间也有两种情况：一是探测到航迹最后一点的时间；二是目标离开探测区域的时间。式(3.13)中分子的结束时间为两者间较早的一种情况。

航迹连续性(track continuity)是同一已知对象在每个选定的评估时间段内的航迹中断次数。

虚假航迹数(false track rate)定义为每天的平均虚假航迹的数量，其中虚假航迹是与已知物体无关的任何航迹。

3.2 ADAPT_MFR 仿真工具

Adapt_MFR 是一个完整的雷达仿真包,由渥太华 DRDC 设计和开发,用于模拟在沿海环境中运行的海军雷达。Adapt_MFR 能够对全电扫和有限电扫相控阵多功能雷达以及传统机械扫描雷达仿真,同时可接入陆地、海洋、箔条和雨雪杂波以及干扰器的模型。Adapt_MFR 以因果方式运行,一次产生一个波束的检测输出结果。Adapt_MFR 提供多种波形和雷达操作模式,包括波形的动态和自适应切换。Adapt_MFR 还包括模拟遮蔽的能力,并通过导入数字地形高程数据(DTED)文件来体现真实地形特征。

图 3.1 展示了 Adapt_MFR 的顶层仿真架构,由一系列模块组成。图左侧这些模块描述了为模拟提供输入所需的雷达、目标场景和环境。位于图中中间部分代表仿真运行流程,通过利用数据和相关功能(算法、模型等)实现。Adapt_MFR 使用跟踪器,该跟踪器采用具有恒定速度模型的交互多模型算法、用于估计目标动力学的 Singer 机动模型。测量模型包括距离、距离速率、方位和高程。

检测跟踪数据关联采用的是最近邻(NN)联合概率数据关联算法(JPDA)。

由于大参数集和通用多功能性,该工具有许多不同的操作模式。然而,Adapt_MFR有三种基本操作模式:一是计算模式;二是没有跟踪的仿真模式;三是带有交互多模型(IMM)跟踪的仿真模式。

计算模式允许用户以非因果模式计算得到初步检测结果。模拟模式本质上是因果关系,并提供完整的模拟运行,使用户可以使用Adapt_MFR的功能。

为了分析雷达资源管理技术的性能,Adapt_MFR使用带有IMM跟踪器的仿真器模式。这种模式的概况如图3.1所示。这种模式下,系统通过图形用户界面接受用户输入并存储到相应的雷达、调度、环境和其他数据结构中。用户自行设置目标初始位置和航迹。模拟器循环运行,随着每一个雷达波束驻留时间相应增加,直到模拟时间结束。用户只需保持监视状态,直到成功检测目标并需要对检测进行确认。对于每个成功的目标确认,都会向跟踪器发送测量报告。根据用户定义的规则在特定的预定时间请求预测,以确定航迹更新间隔。根据正在建模的雷达调度算法,在特定时间分配未来的监视和跟踪波束。Adapt_MFR能够使用任意数量的雷达对联网雷达进行建模,也能够进行多雷达跟踪仿真。

Adapt_MFR通过逐波束对雷达操作进行因果建模来准备评估雷达资源管理性能。雷达检测结果输入到IMM跟踪器中后,跟踪器向雷达调度器发送更新请求。通过比较跟踪器的输出和地面真实数据来分析跟踪性能。

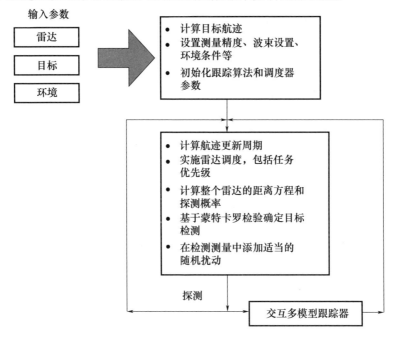

图3.1 Adapt_MFR工具中带交互多模型跟踪器的仿真模式概略示意图

3.3 自适应技术

当前和未来的防御系统将采用多功能相控阵雷达来进行搜索、跟踪、制导和识别,所有这些功能实现都通过软件控制。现有的资源管理技术利用固定的任务集和任务优先级。预计未来的雷达资源管控技术将采用自适应技术。这些自适应控制技术和策略的潜在好处主要如下:

(1)优化雷达的任务排序(搜索时间与其他任务等),尤其是在接近任务饱和时,从而提高性能;

(2)随着环境变化对雷达性能进行自适应改进(例如舰艇从公海移动到沿海,电子对抗);

(3)通过软件控制更改(例如,从中程防空到弹道导弹防御)为不同应用场景重新配置雷达的能力;

(4)能够快速重新配置雷达以应对不可预见的威胁、应用程序和可能性(例如将不同的威胁引入场景)。

自适应技术能够在动态变化的环境中优化多功能雷达性能。本节介绍自适应雷达资源管理,其标志性技术主要有三种:

(1)模糊逻辑优先级方法;

(2)时间平衡调度法(TBS);

(3)自适应跟踪间隔方法。

接下来将详细介绍这些技术。

3.3.1 模糊逻辑优先级方法

图3.2显示了模糊逻辑决策树,可用于对雷达检测和跟踪的目标的相对重要性进行排序。该工具可用于支持任务调度,并允许自适应雷达资源管理。雷达能够选择性地放宽对低优先级雷达任务的检测和跟踪要求,以及调整任务调度优先级顺序,能支持在极端过载情况下实现雷达性能的优雅降级。航迹产生器生成模糊逻辑工具的输入数据,如航迹距离、(径向)距离速率和速度。目标识别码可由高分辨率雷达分类活动产生。

图3.3举例说明了模糊逻辑工具的输出,以及如何使用它来驱动跟踪资源。显然,友方目标已被归类为不太重要,因此,雷达资源自适应管理据此信息来降低该目标的跟踪时间资源。

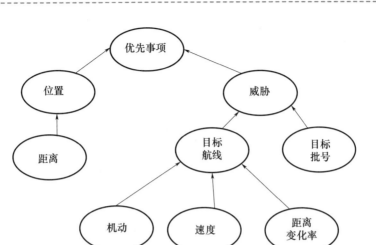

图 3.2 用于模糊逻辑自适应目标优先级的决策树

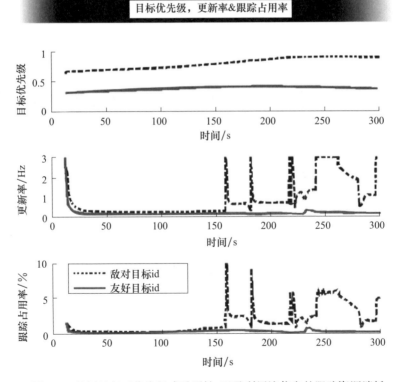

图 3.3 目标的相对优先级或重要性,以及利用该信息的跟踪资源消耗
(这两个示例(用于友好或敌对识别)针对相同的目标航迹。
请注意,数据率和占用率的瞬态尖峰是由于目标机动造成的)

3.3.2 时间平衡调度

自适应雷达资源管理使用时间平衡算法进行波束驻留时间分配[40]。时间平衡是操作系统中常用的一种为不同进程动态分配时间的方法。图3.4显示了时间平衡图。为不同波束类型定义了时间平衡率。在本例中,每隔0.012007s的时间单元,仿真会执行算法并确定要调度的波束。一旦该波束被调度,则其时间资源需求将重新计算。进行了两次试验以验证该算法的准确性。运行程序后,使用模拟生成的时间平衡图对这些值进行几何图案验证。在特定比例条件下,可以在屏幕上的像素数和以秒为单位的实际单位之间进行转换。试验1和试验2的算法验证结果如表3.1所示。该算法验证结果也可用图3.4和图3.5描述,它们分别表示试验1和试验2的时间平衡算法图。

表3.1 时间平衡验证

试验#1

实际时间平衡斜率
time_bal. slope_trk = 0.20;
time_bal. slope_det = 1;
验证
跟踪斜率-
$$\frac{124 \text{ pixels}}{5 \cdot 0.012007\text{s}} = \frac{295 \text{ pixels}}{x \text{ seconds}}$$
$$m = \frac{124}{5 \cdot 0.012007 \cdot 295} \cdot \frac{72 \cdot 0.05}{123} = 0.19$$
检测斜率-
$$\frac{124 \text{ pixels}}{5 \cdot 0.012007\text{s}} = \frac{24 \text{ pixels}}{x \text{ seconds}}$$
$$m = \frac{124}{5 \cdot 0.012007 \cdot 24} \cdot \frac{72 \cdot 0.05}{123} = 0.98$$

试验#2

实际时间平衡斜率
time_bal. slope_trk = 0.75;
time_bal. slope_det = 0.5;
验证
跟踪斜率-
$$\frac{124 \text{ pixels}}{5 \cdot 0.012007\text{s}} = \frac{132 \text{ pixels}}{x \text{ seconds}}$$
$$m = \frac{124}{5 \cdot 0.012007 \cdot 132} \cdot \frac{72 \cdot 0.05}{123} = 0.76$$
检测斜率-
$$\frac{124 \text{ pixels}}{5 \cdot 0.012007\text{s}} = \frac{29 \text{ pixels}}{x \text{ seconds}}$$
$$m = \frac{124}{5 \cdot 0.012007 \cdot 29} \cdot \frac{72 \cdot 0.05}{123} = 0.51$$

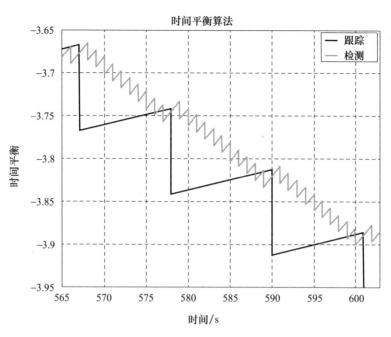

图 3.4 针对试验 1 的时间平衡算法

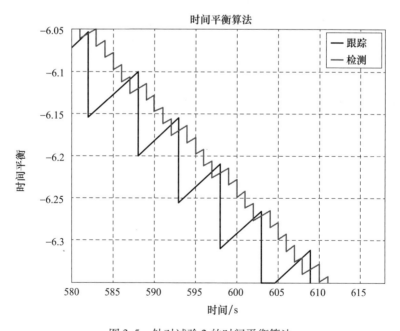

图 3.5 针对试验 2 的时间平衡算法

3.3.3 自适应跟踪间隔方法

本节介绍自适应雷达资源管理方法——自适应跟踪间隔的计算。假设跟踪的状态估计是:

$$X(k) = [x(k), \dot{x}(k), \ddot{x}(k), y(k), \dot{y}(k), \ddot{y}(k)] \tag{3.14}$$

在 North – East 坐标系下,时刻 t_k,得到协方差矩阵 $\boldsymbol{P}(k)$。为简单起见,忽略 North – East – Down 坐标系中的坐标 z。方位角位置 θ、速度 $\dot{\theta}$ 和加速度 $\ddot{\theta}$ 由非线性函数 $[\theta, \dot{\theta}, \ddot{\theta}] = h(x, \dot{x}, \ddot{x}, y, \dot{y}, \ddot{y})$ 计算,其中

$$\theta = \arctan\left(\frac{y}{x}\right) \tag{3.15}$$

$$\dot{\theta} = \frac{\dot{y}}{r^2} - \frac{y\dot{x}}{r^2} \tag{3.16}$$

$$\ddot{\theta} = \frac{x\ddot{y}}{r^2} - \frac{y\ddot{x}}{r^2} \tag{3.17}$$

此处 $r = \sqrt{x^2 + y^2}$ 是水平距离。式(3.15)~式(3.17)中,雅可比矩阵变换式 $X \xrightarrow{h} [\theta, \dot{\theta}, \ddot{\theta}]$ 定义如下

$$\boldsymbol{H}(k) = \frac{\delta h}{\delta X}\bigg|_{x(k)} = \begin{vmatrix} \frac{-y(k)}{r^2(k)} & 0 & 0 & \frac{x(k)}{r^2(k)} & 0 & 0 \\ \frac{y(K)}{r^2(k)} & \frac{-y(k)}{r^2(k)} & 0 & \frac{-x(k)}{r^2(k)} & \frac{x(k)}{r^2(k)} & 0 \\ \frac{y(K)}{r^2(k)} & \frac{-y(k)}{r^2(k)} & 0 & \frac{-\ddot{x}(k)}{r^2(k)} & \frac{x(k)}{r^2(k)} & 0 \end{vmatrix} \tag{3.18}$$

用于估计 $[\theta(k)、\dot{\theta}(k)、\ddot{\theta}(k)]$ 误差的 $p_{az}(k)$ 的协方差矩阵按以下方式计算

$$\boldsymbol{P}_{az}(k) = \boldsymbol{H}(k) P(K) \boldsymbol{H}^{\mathrm{T}}(k) \tag{3.19}$$

在矩阵 $\boldsymbol{P}_{az}(k)$ 中,三个数量是已知的:方位变化 $a(k)$,方位与方位速度协方差之比 $b(k)$,以及方位速度协方差 $d(k)$。对于中等优先级目标,下次更新的时间间隔用以下公式进行计算:

$$\tau^2(k) \leqslant \frac{E(k) - \sqrt{E^2(k) - 16A^2 F(k)}}{8A^2} \tag{3.20}$$

其中

$$E(k) = 4Bhr(k)A + 16r^2(k)d(k) \tag{3.21}$$

$$F(k) = r^2(k)B^2 - 16r^2(k)a(k) - 32\hat{\tau}(k)b(k) \tag{3.22}$$

类似的,对于高优先级目标,有以下公式:

$$\tau_h^2(k) \leqslant \frac{E_h(k) - \sqrt{E^2(k) - 16A^2 F_h(k)}}{8A^2} \tag{3.23}$$

其中

$$E_h(k) = 4B_h r(k)A + 16r^2(k)d(k) \quad (3.24)$$

$$E_h(k) = r^2(k)B_h^2 - 16r^2(k)a(k) - 32\hat{\tau}_h(k)r^2(k)b(k) \quad (3.25)$$

$$B_h = \frac{2B}{K} \quad (3.26)$$

在式(3.20)、式(3.23)中,$\hat{\tau}(k)$和$\hat{\tau}_h(k)$是$\tau(k)$和$\tau_h(k)$的近似值。近似值的目的是为了简化计算。请注意,$\hat{\tau}_h(k)$是一个敏感参数,生成可行解需要较小的值。为了避免不可行的解决方案,我们可以简单地让它为零,即$\hat{\tau}_h(k)=0$。$\hat{\tau}(k)$可以是同一目标的先前速率$\tau(k-1)$。

在式(3.23)~式(3.26)中,变量A是目标的最大加速度(通常为1g或2g,以m/s为单位),变量B是目标方向的波束宽度,精度因子K是一个介于2和10之间的可调整参数,其中5或6是合理值。当K较高时(例如$K>6$),通过(3.25)计算$\tau_h(k)$可能变得不稳定。建议检查开方的数是否为正值。此外,设置$\tau(k)$和$\tau_h(k)$的最小值和最大值也有助于避免不切实际的数据率。如可以设置中等优先级目标跟踪间隔在2~4s之间,高优先级目标在0.25~2s之间。

值得注意的是,在计算波束宽度时,需将方位角转换为相对于视轴的角度。

3.4 性能比较

对于此比较,场景长度为600s,该雷达发射峰值功率为10kW的相干脉冲波形。

利用Adapt_MFR实现了两个目标场景。场景1共有52个目标,其中每个目标都出现在场景的某一时段。因为在任何给定时间不一定所有目标都存在,所以在任何给定时间段中的目标总数少于等于52个。目标可以是海上或空中目标。每个目标都有唯一的分类属性和位置、速度、航迹和RCS等信息标识。

场景2共有152个目标。这些目标包括场景1中的52个目标、从原始52个目标复制而来的50个目标和50个鸟类目标。

非自适应的雷达资源管理将雷达时间资源的30%分配给跟踪任务,其余分配给搜索任务。跟踪任务之间没有优先级。如第3.3节所述,自适应雷达资源管理利用模糊逻辑优先级、时间平衡调度和自适应数据率进行跟踪。高优先级目标是优先级大于0.7的跟踪目标。这些目标具有由式(3.23)给出的所需跟踪数据率。中等优先级目标的优先级值介于0.3和0.7之间,并且具有由式(3.20)给出的所需跟踪数据率,低优先级目标的优先级值小于0.3。这些目标使用边扫描边跟踪的方式进行更新,也就是说,对于低优先级目标没有专用的跟踪更新波束。

为了开始这种性能比较分析,需要考虑单个目标运动特点。在场景1中,目标 1 是一个空中目标,它在场景开始时处于关注范围(探测范围)内,并且最初正在接近雷达。在大约 150s 后,目标开始远离雷达并在 300s 时离开视域(探测范围)。目标 1 的距离和方位角与时间的函数关系如图 3.6 所示。如图 3.7 所示,目标跟踪优先级为 0.85,大约 100s 后,随着时间的推移略有下降。目标 1 是高优先级目标,200s 后成为中优先级目标,如图 3.8 中请求的跟踪间隔所示。作为高优先级目标,请求的跟踪间隔在 0.25~2s 之间,而作为中优先级目标,请求的跟踪间隔在 2~4s 之间。

场景 1 共有 52 个目标,但并非所有目标在任何给定时间都在雷达的探测范围内。对于场景 1,图 3.9(a)显示了模拟期间探测区域中的目标总数。还显示了高、中和低优先级目标的数量。通过模糊逻辑优先排序技术计算的优先级值,该值随着目标的运动特性而动态变化。因此,在整个模拟过程中,高、中和低优先级目标的数量也处于变化中。对于场景 2,图 3.9(b)显示了目标总数,包括高、中和低优先级目标的数量。

对于场景 1,图 3.10 显示了作为目标索引函数的航迹跟踪完整性。对于大多数目标,自适应和非自适应雷达资源管理具有相似的跟踪完整性,但有一些小例外。图 3.11 显示了随时间变化的跟踪资源占用率。图 3.10 和图 3.11 表明,自适应雷达资源管理的跟踪资源占用率明显低于非自适应雷达资源管理,同时实现了相似的跟踪完整性。自适应雷达资源管理的应用使雷达分配更少的时间资源进行跟踪,同时保持了与非自适应雷达资源管理相同的航迹完整性。

图 3.12 显示了场景 1 的帧时间。为了计算跟踪资源占用率,航迹确认波束的时间占用计入搜索任务中。航迹确认波束的调度增加了重新访问第一检测波位之前的时间,这导致帧时间增加。在图 3.12 中,当调度了大量确认波束时(自适应雷达资源管理在模拟的 150~200s 之间可见该结果),帧时间的相应增加是显而易见的。

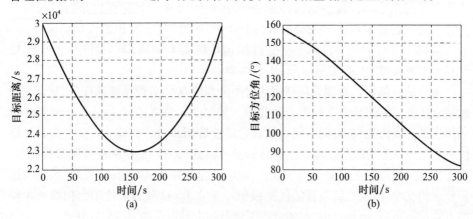

图 3.6 场景 1 中的目标 1
(a)距离与时间;(b)方位角与时间。

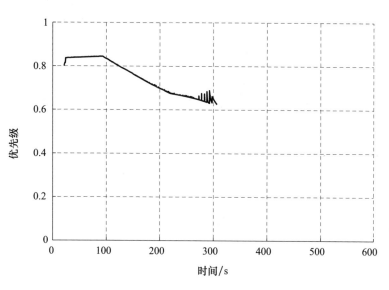

图 3.7 场景 1 中目标 1 的跟踪优先级

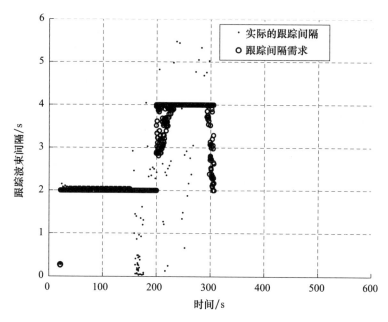

图 3.8 场景 1 中目标 1 的跟踪间隔

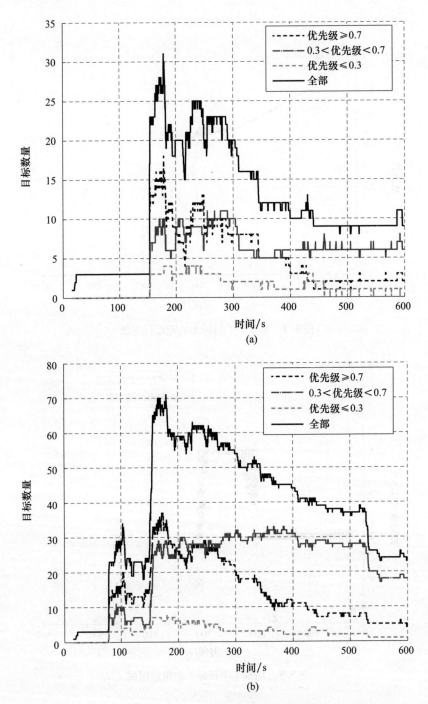

图 3.9 雷达关注范围内的目标数量
(a)情景 1;(b)情景 2。

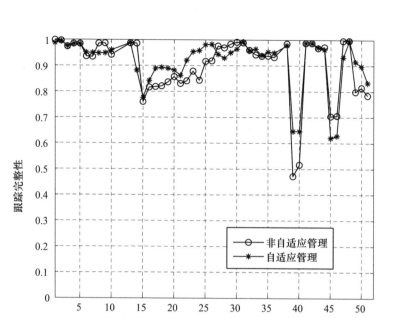

图 3.10 场景 1 的航迹完整性

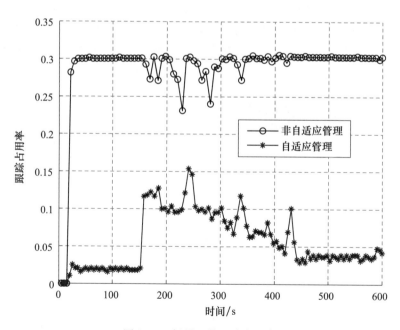

图 3.11 场景 1 的跟踪占用率

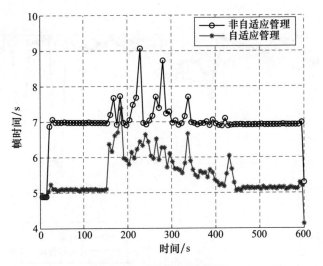

图 3.12 场景 1 的帧时间

在场景 2 下,航迹完整性如图 3.13 所示。自适应雷达资源管理和非自适应雷达资源管理具有相似的航迹完整性值。一个值得注意的例外是目标 7,自适应雷达资源管理的航迹完整性为 0.97,而非自适应雷达资源管理的航迹完整性为 0.58。目标 141 和 142 都是鸟类,对于非自适应雷达资源管理具有更高的跟踪完整性。图 3.14 显示了随时间变化的航迹跟踪的资源占用率。与场景 1 的情况一样,场景 2 的结果表明,与非自适应雷达资源管理相比,自适应雷达资源管理具有明显更低的跟踪资源占用率和相似的航迹完整性。图 3.15 说明了场景 2 的帧时间。

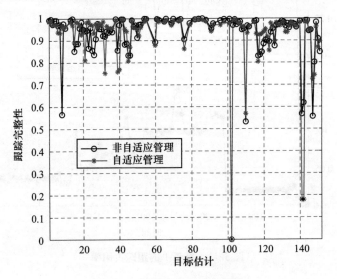

图 3.13 场景 2 的跟踪完整性

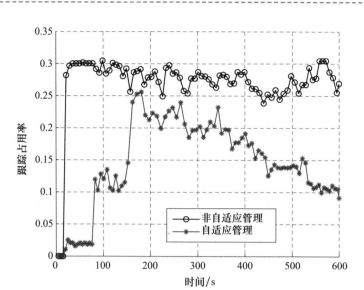

图 3.14 场景 2 的跟踪资源占用率

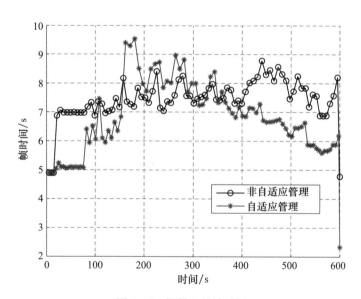

图 3.15 场景 2 的帧时间

第4章 自适应调度技术

本章介绍用于多功能雷达自适应调度的两种技术:第4.1节介绍最优分配调度法(OAS),第4.2节介绍双斜率得益函数调度法(TSBFS)。

4.1 最优分配调度法

4.1.1 引言

多功能雷达通常有两类优先级排序:功能优先级排序和任务(目标)优先级排序。功能优先级排序由雷达任务确定。例如,存在以下优先级排序:

(1) 高优先级航迹(最高优先级);
(2) 航迹维护;
(3) 中优先级航迹;
(4) 情景确认;
(5) 航迹起始;
(6) 低优先级航迹;
(7) 监视和低速航迹;
(8) 接收机校准和机内自检(BIT)(最低优先级)。

任务调度可以是交错的和非交错的。在一些文献中,在脉冲发射和接收之间的一个空闲周期提出了交错算法[112,113]。但交错法不是很实用,在本节中,我们使用一个将发送和接收子任务视为同一任务的模型。

大多数雷达调度算法都属于非交错类。例如,Winter 引入了一种计算调度得益的局部搜索方法[114],给出了数据链、跟踪和搜索的成本函数的解析式。用线性规划方法求解最优调度。时间平衡调度法(TBS)是一种简单而有效的算法[115]。

特别是,时间平衡调度法最初是在 MESAR 系统中提出并实现的[115-117]。调度器用时间平衡函数为每个功能维持时间平衡。在任何调度时间,雷达选取时间平衡值最大的资源请求进行调度。

我们提出了一种多级最优调度法,并与时间平衡调度法进行了比较。以累积调度延迟和最大延迟作为性能评价指标,通过仿真 400 多个波束对 40 个目标的探测,对两种调度法进行了比较。在仿真中,每个目标请求有 1~2s 的随机更新间隔。

4.1.2 最优分配调度法的具体实现

假设雷达具有 L 个功能,考虑调度时间窗 $[t_k,t_{k+1}]$。在调度时间窗口内,L 个功能向雷达请求 $[n_1,\cdots,n_L]$ 波束调度,调度程序的示意图如图 4.1 所示。最优分配调度法包括四个基本步骤,具体如下。

步骤1:选择待调度波束。该步骤主要用来决定有多少波位需要被安排照射。在超负荷的情况下,一些任务会被舍弃。例如,安排所有跟踪任务占用的时间资源将超过允许的最大帧时间,这种情况只能排满最大帧时间,多余的跟踪任务将被舍弃。

步骤2:形成波束预排方案。在这一步,将所有步骤1选定的波束按照驻留时间需求在时间线上进行预排。这时不对波束照射的方位、仰角做具体安排。

步骤3:应用最优调度法求解方案。这一步首先找到具有最高优先级的、未安排波位的功能,以便于优先安排。可以基于任务优先级和时间差(任务需求时间和预排波位时间)构建代价矩阵。

$$[C_{ij}] = f(\Delta t_{ij}, p_i), \tag{4.1}$$

其中,t_{ij} 是需照射波位 i 与预排照射 j 的时间差,p_i 是需照射波位 i 的优先级。

最简单的代价函数是所有任务具有相同优先级的时间差:

$$[C_{ij}] = \Delta_{ij} \tag{4.2}$$

不同任务有不同的优先级,代价函数是时间差和优先级值的乘积

$$[C_{ij}] = \Delta_{ij} * p_i \tag{4.3}$$

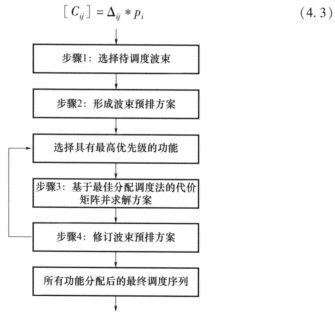

图 4.1　最优分配调度法(OAS)示意图

步骤4:修订波束预排方案。用刚刚求解到的方案覆盖原先对应位置,完成修订预排波束表。重复步骤3,直到最后一个功能,一般为搜索功能,它将被分配给未指定波束。

4.1.3 时间平衡调度法

时间平衡调度法是一种在操作系统中经常用于为不同进程动态分配时间的方法。图4.2显示了一个时间平衡图,其中两个函数具有不同的时间平衡函数。斜率(Slope)和截距(Drop)是每个函数时间平衡所需要的两个参数。为方便起见,斜率设为1。通过调整需求满足量,可以实现理想的跟踪资源占用率。例如,为了达到20%的资源占用率,搜索和跟踪的比例是1和4,即4个搜索波束后1个跟踪波束。例如,调度序列为

$$[1,0,0,0,0,1,0,0,0,0,1,0,0,0,0,1,0,0,0,0]$$

其中,1表示跟踪波束,0表示搜索波束。两个功能的时间资源占有率是1/5,4/5。

当涉及更多的功能时,就很难确定占用率。例如,跟踪2在跟踪1之前,产生以下计划:

$$[2,1,0,0,0,0,2,1,0,0,0,0,2,1,0,0,0,0,2,1]$$

其中,2表示跟踪2。三个函数的占有率分别是4/6、1/6和1/6。

上述选择结果决定了要调度多少个跟踪波束。

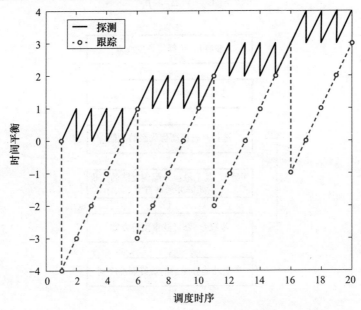

图4.2 20%占有率的时间平衡调度法

在图4.3的例子中,假设以最大航迹跟踪占用率为30%来安排所有跟踪波束。注意最大跟踪占用率是一个主观决策,而不是一个算法决策。一旦给出最大跟踪占用率,就可以计算出最大雷达帧时间。通常,最大帧时间是搜索要求,它决定了监视区域能多快被雷达搜索波束重新访问。

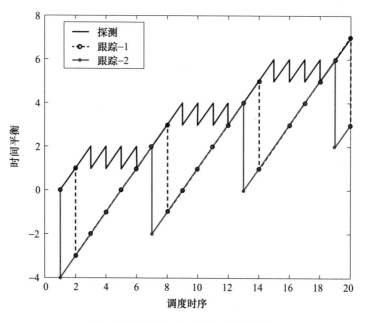

图4.3 时间平衡法三个函数的图示

4.1.4 性能评估

4.1.4.1 仿真场景

为简单起见,假设一个相控阵雷达具有两个功能:搜索和跟踪。搜索需要469个固定波位,每个波位都有特定的方位和仰角。有40个已确认跟踪的目标。每个航迹的更新间隔需求为1~2秒。搜索和跟踪的驻留时间都是0.01s。待分配的时间窗口是[0,6.25]s。在这段时间内,有156个驻留周期可以用于响应跟踪需求。这时,跟踪占用率为156/(156 + 469) = 25%。

按照上述安排,可决定要调度多少个跟踪波束。假设最大航迹占用率为30%,将安排所有跟踪波束。值得注意的是,最大跟踪占用率是一个主观决策,而不是算法决策。一旦给出最大跟踪占用率,就可以计算出最大雷达帧时间。图4.4和图4.5显示了所有请求的波束。可以看出,在多个跟踪波束请求时,会导致很多调度冲突。为便于说明,表4.1列出了前十个目标的波束要求。

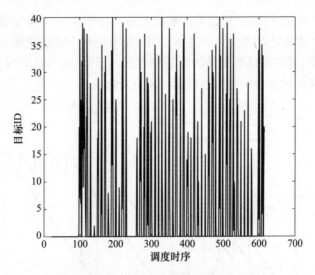

图 4.4 所有目标与其所需要的调度时间

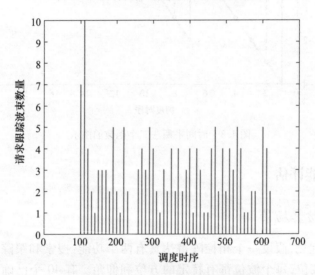

图 4.5 156 个跟踪波束请求时间分布

表 4.1 前 10 个目标波束请求

目标	更新 1	更新 2	更新 3	更新 4
1	1	2.6	3.8	5.3
2	1.4	2.9	4.3	5.4
3	1.8	3.6	4.8	6
4	1.6	3	4.2	6.1
5	1.1	2.2	3.3	4.9

续表

目标	更新1	更新2	更新3	更新4
6	1	2.9	4.6	—
7	1	2.8	4.7	—
8	1.8	3.5	5	6.1
9	1.1	2.1	4	5.3
10	1.3	2.7	4.3	5.3

4.1.4.2 性能比较

时间平衡法和最优分配调度法的约定如下：

（1）整个帧作为调度时间窗口；

（2）跟踪功能优先于搜索功能；

（3）所有跟踪任务具有相同的优先级,时间差被用于构建最优分配调度法的成本函数；

（4）两个调度算法都设计为两级分配,首先,跟踪波束被分配,对于最优分配调度法,建立了代价矩阵并对其进行了分析并采用择优排序寻找最优解[13]；

（5）时间平衡法处理相同的两级任务,由于每一级只考虑两个功能,资源占用需求都可以得到满足。时间平衡法开始时,跟踪波束开始于1s,搜索和跟踪的需求满足量分别为 1 和 2.3654（图 4.6）。数值 2.3654 由用时间平衡窗口内跟踪波束数与总波束数之比 156/525 = 2.3654 计算得出。所有的跟踪波束请求按跟踪优先级,逐个安排到属于跟踪的时间。

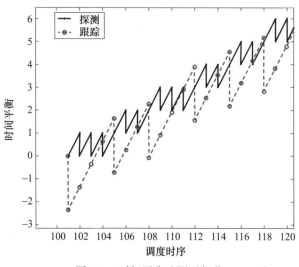

图 4.6 时间平衡法图示部分

对于最优分配调度法,建立分配矩阵,使用竞拍算法寻找最优解[118]。测试场景分别用两个调度方法进行处理。使用的两个性能指标是最大延迟和累计延迟。结果如表4.2和图4.7、图4.8所示。最优分配调度法的性能要好得多。图4.9比较了在20%跟踪占用率的条件下,实际跟踪时间被安排到请求跟踪时间附近的效果。

表4.2　两种调度算法性能

调度算法	TBS/s	OAS/s
最大延迟	0.49	0.06
累积延迟	30.08	1.62

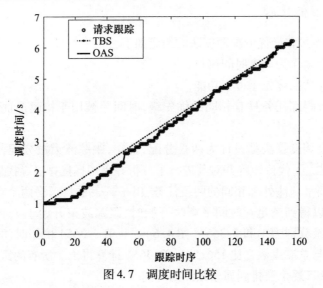

图4.7　调度时间比较

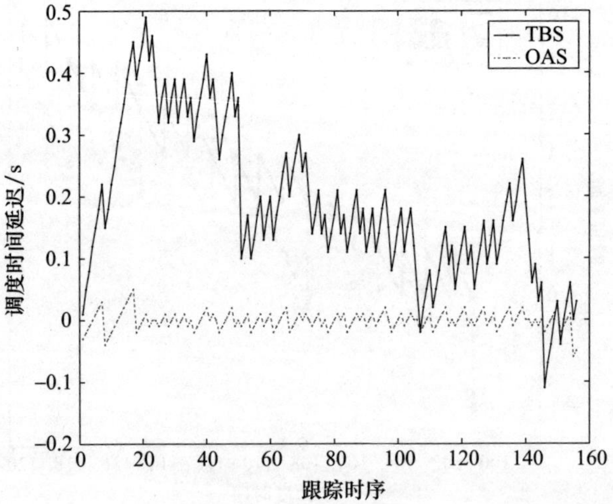

图4.8　最大延迟比较

TBS 使实际跟踪时间和请求跟踪时间的差值比较平均。QAS 则是使实际跟踪时间和请求跟踪时间的差值总和最小。

在模拟中,我们使用整个帧时间来优化分配。在实践中,更短的优化分配时间窗口更有利,例如 0.5~1 秒的时间窗口。由于窗口较短,雷达能够在更早时间响应高优先级波束。此外,代价矩阵的维数较小,提高了优化算法的效率。

还需注意的是,如果使用搜索驻留来形成初始波位预排方案。当跟踪波形和搜索波形驻留时间相同时,该公式是准确的。若驻留时间不同,则公式为近似公式。代价矩阵的通用公式将在今后的工作中进行研究。雷达资源管理的最终目标之一是研究调度延迟如何最终影响跟踪性能。

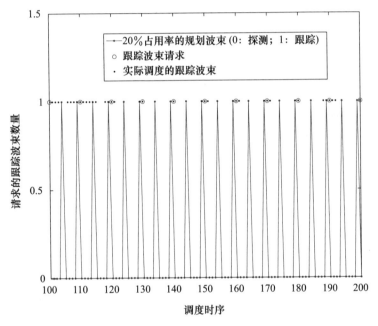

图 4.9 OAS 在 1-2 秒内的调度结果

4.1.5 小结

本章在将雷达调度问题转化为最优分配问题的基础上提出了一种新的雷达调度算法(最优分配调度法)。利用具有搜索和跟踪任务的模拟雷达数据,对提出的最优分配调度法进行了测试,并与现有的调度方法(时间平衡法)进行了比较。从累积延迟和最大延迟的角度来看,新调度算法具有更好的性能。此外,代价矩阵使用同一函数描述了每个任务的优先级信息,克服了其他调度算法的缺点。

4.2 双斜率得益函数调度法

4.2.1 序贯调度法概述

序贯调度法在安排雷达调度时序时,同时考虑了照射的优先级和目标动态。在资源饱和情况下,序贯调度算法会决定保留哪些照射。对于航迹更新,误差协方差随更新时间和目标动态变化而变化。序贯调度法通过误差协方差的变化来确定每个目标的动态,并据此进行跟踪航迹更新。

调度算法会在一个时间窗口内安排收到的照射请求。在雷达执行这一窗口内的调度计划时,调度算法为下一个时间窗口制定调度计划。选择较短或较长的时间窗口有不同的优点。如果使用较短的窗口,则可以更快地响应照射请求。此外,使用更短的窗口使得调度算法一次处理的照射请求数量更少。如果使用较长的窗口,则必须处理更多的照射请求,但调度执行的频率会降低。窗口长度的选择是快速响应照射请求和降低调度执行频率之间的平衡。

跟踪照射数量实际上是可变的。在任何给定时间,雷达维持一个航迹所需点迹是可变的。根据目标的动态变化,每个航迹可能需要更频繁或更少的更新。调度算法有可能在一段时间内接收不到跟踪照射请求。同时,调度算法也可能在一个窗口中接收到许多跟踪照射请求,以至于某些请求必须被放弃。此外,跟踪照射请求对其预定的时间是敏感的。随着航迹更新间隔时间的增加,目标预测位置的不确定性增加。这导致雷达必须搜索更大的区域来探测到目标,这可能会增加雷达观测的时长。如果航迹更新间隔很长时间,那么航迹就会丢失。调度跟踪照射的长时间延迟会导致相关任务的取消。

搜索照射分为高优先级搜索照射和低优先级搜索照射。高优先级搜索照射一般用于新出现的目标,新出现的目标可能会造成立即的、严重的威胁。这些照射需要一个短暂的驻留和重照。较低优先级的搜索照射与远程搜索相关,这种情况通常可按固定时间间隔进行排序照射,因为每个照射请求取决于搜索区域大小,而不是目标的潜在动态。如果雷达没有被跟踪照射或高优先级搜索照射占用,则应安排队列中下一个低优先级搜索照射请求。每个较低优先级的搜索照射都可以分配一个所需的开始时间,如第 4.2.3 节所示。

本书中,基于照射的不同优先级和性质,跟踪照射和高优先级搜索照射在这项工作中被称为主要照射;较低优先级的搜索照射称为次要照射。提出了一种称为序贯调度的方法,调度程序如图 4.10 所示,由两个部分组成。双斜率得益函数子调度算法(TSBF)生成一个主要照射请求的调度。间隙填充(GF)子调度算法优先安排主要照射调度,并在窗口内的剩余空闲时间间隔内安排次要照射请求。双斜率得益函数子调度算法子调度器将在第 4.2.2 节中描述。间隙填充子调度器将在第 4.2.3 节中描述。

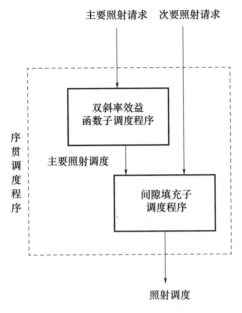

图 4.10 序贯调度法示意

该算法自适应地调度由跟踪或搜索管理模块指定的任意长度的照射请求。而且,该算法必然能够自适应调整更新数据率,因为主要照射和次要照射需要任意选择所需的启动时间。

值得注意的是,序惯调度算法对计划用于跟踪请求的总时间没有任何限制。可以对序惯调度算法施加约束,以便将时间窗口的最大百分比用于跟踪照射。一旦计划跟踪照射的总长度达到最大,搜索照射就会被安排在剩下的雷达时间线上。在本章中,对双斜率得益函数子调度模块没有这样的约束。

4.2.2 双斜率得益函数子调度模块

本节描述序惯调度算法的第一个模块,即双斜率得益函数子调度模块。该模块对接收到的主要照射请求,要么选择一个开始时间,要么舍弃。主要照射包括跟踪照射和高优先级搜索照射,这两种照射的重访间隔相对固定。

4.2.2.1 预备知识

对于时间窗 $[T_1, T_2]$,子调度模块接收到 P 个主要照射请求 $L_1, \cdots, L_p$。每个照射请求 L_n 都有照射参数:

(1) l_n,完成照射所需的时间,以 s 为单位;
(2) t_n^*,期望的开始时间;
(3) s_n,最早的开始时间;
(4) u_n,最迟开始时间;
(5) B_n^*,峰值得益;
(6) n,提前调度的斜率;
(7) Δ_n,推迟调度的斜率。

照射参数满足 $s_n \leq t_n^* \leq u_n$。区间 $[s_n, u_n]$ 称为 L_n 的调度区间。假设所有照射请求位于 $[T_1, T_2]$ 调度间隔内。前期和推迟调度的斜率限制在 $0 < \delta_n < \infty$ 和 $0 < \Delta_n < \infty$。调度时,起始时间 t_n 必须满足 $s_n \leq t_n \leq u_n$。搜索照射请求 L_n 与得益函数 $B_n(t_n)$ 相关联,该函数是关于起始时间 t_n 的函数。得益函数是一个双斜率函数,即

$$B_n(t_n) = B_n^* + c_n(t_n - t_n^*) \tag{4.4}$$

其中

$$c_n = \begin{cases} \delta_n, & s_n \leq t_n \leq t_n^* \\ -\Delta_n, & t_n^* < t_n \leq u^n \end{cases} \tag{4.5}$$

双斜率得益函数如图 4.11 所示。

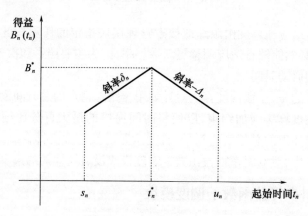

图 4.11 双斜率得益函数

一般情况下,这些照射按如下规则排序:

$$t_1^* \leq t_2^* \leq t_3^* \cdots \leq t_p^*$$

照射参数对排序没有影响。注意,由于照射的调度间隔可能有不同的长度,对于任意 $n = 1, \cdots, P-1$,不一定能保证 $s_n \leq s_{n+1}$ 或 $u_n \leq u_{n+1}$。

定义:如果 $s_n \leq t_n \leq u_n$,照射 L_n 的起始时刻 t_n 是一个可行的起始时刻。

如果照射 L_n 的起始时间为 t_n,那么照射结束时间为 $t_n + l_n$。因为一次只能

执行一次照射,所以下一次照射的开始时间不能早于 $t_n + l_n$。这就引出了下面的定义。

定义:假设一组照射 $L_1, \cdots, L_p$,对应的起始时刻排序为 $t_1 < t_2 < \cdots < t_p$,则 $L_1, \cdots, L_p$ 的照射集合只有在 $t_n + l_n \leqslant t_{n+1}$ 成立,其中 $n = 1, 2, \cdots, P-1$。

双斜率得益函数子调度模块使用了大量的参数,参数表如表 4.3 所列。

表 4.3 双斜率得益函数子调度模块的参数列表

	参数	描述
照射参数 (4.2.2.1 节)	L_n	照射请求
	l_n	完成照射的时间
	t_n^*	预期开始时间
	s_n	最早开始时间
	u_n	最迟开始时间
	B_n^*	峰值得益
	δ_n	提前调度斜率
	Δ_n	推迟调度斜率
	t_n	开始时间
	$B_n(t_n)$	得益函数
矩阵计算 (4.2.2.5 节)	t_n'	假定的最早开始时间
	E_n	排队等待最大延迟
	Q	请求队列数
	D_q	请求 q 开始照射
	G_q	请求队列之间最大延迟
分配的开始时间 (4.2.2.7 节)	α_n	距离最早有条件开始时间的延迟
	β_n	延迟容忍度
	$\bar{B}(t_1, \cdots, t_N)$	总得益
	v_n	一个请求延迟的辅助变量
	w_n	多请求延迟的辅助变量
	x_n	分段线性目标函数的额外变量
	$\hat{t}_n$	最优开始时刻

4.2.2.2 照射参数的选择

双斜率得益函数一般适用于主要照射请求。在本节中,提出了根据提前调度斜率和推迟调度斜率选择期望开始时刻的方法。跟踪照射最优先考虑。

位置误差协方差为 σ^2,会随航迹更新间隔时间的延长而增大。为确定所需的开始时间,需对跟踪位置矢量的每一维分别计算位置误差。选择下次航迹更新所需的开始时刻 $\hat{t}$,以便在 $\hat{t}$ 时刻更新航迹能维持误差协方差 σ_0^2 在一定范围内。分别计算距离、方位角和仰角坐标误差维持所需的更新时刻值,并选择时间最早的作为所需的开始时刻 t^*。

然后,推导了提前调度的斜率。如果轨迹更新的开始时间早于所需的开始时间,则雷达将增加跟踪资源占用,并挤占可应用于其他任务的雷达资源。得益函数用于反映提前调度航迹更新所消耗的雷达资源。因此,提前调度的斜率与照射长度 l 成反比,即

$$\delta = \frac{1}{l} \tag{4.6}$$

如果航迹更新的开始时间晚于期望的开始时间,则误差协方差增加。对误差协方差的增加进行线性估计,t 时刻更新航迹的误差协方差为

$$\sigma^2(t) \cong \sigma_0^2 + \zeta(t \sim t^*)$$

其中,ζ 为估计斜率。

得益函数用来反映在期望的开始时刻之后进行轨迹更新引起的误差协方差的增加。推迟调度的斜率与误差协方差的增加成反比,有

$$\Delta = \frac{1}{\zeta} \tag{4.7}$$

对于匀速模型卡尔曼滤波器,该估计斜率 ζ 由文献[119]给出,即

$$\zeta = 2(\Omega_{pv} + \Omega_v t^*)$$

其中,Ω_{pv} 为位置-速度协方差,Ω_v 为航迹上次更新时的速度变化。

对于带加速模型的卡尔曼滤波器,估计斜率为

$$\zeta = 2\Omega_{pv} + 2[2\Omega_{PA} + \Omega v]t^* + 6\Omega_{VA}(t^*)^2 + 4\Omega_A(t^*)^3$$

其中,Ω_{PA} 为位置-加速度协方差;Ω_{VA} 为速度-加速度协方差;Ω_A 为航迹相对上次更新时的加速度变化。

接下来,考虑高优先级的搜索照射。对于每一个高优先级的搜索任务,指定一个线性成本函数 $\gamma(t)=\zeta$,它衡量在连续的照射之间等待 ts 的成本。设期望成本为 γ_0,期望开始时刻由 $t^*=\gamma_0/\zeta$ 确定。提前和推迟调度的斜率分别为式(4.6)和式(4.7)。

4.2.2.3 时间窗口内主要照射的雷达负载

对于一组主要照射请求 $L_1,\cdots,L_p$,长度为 $l_1,\cdots,l_p$,则定义为

$$\bar{l} = \sum_{n=1}^{p} l_n$$

完成所有照射所需的最小总时间,定义为

$$\tau = \max_n(u_n + l_n) - \min_n s_n$$

这是给定一组照射的雷达总时间的最大值。注意,在很多情况下,不可能在τ时间内完成所有照射,因为这需要雷达同时进行多个照射。定义量τ是为了便于定义雷达负载。

定义:当$\bar{l} \leq \tau$时,雷达在时间窗口内负载不足。

一个负载不足的雷达可能能够在τs 内安排所有的 P 照射。然而,只有在一些请求被推迟到晚于期望开始时刻,雷达才能满足所有照射需求。请注意,负载不足是雷达执行所有照射的必要条件,但不是充分条件。

定义:如果$\bar{l} > \tau$,雷达在时间窗口期间过载。

一个过载的雷达不能安排所有的 P 照射,一些照射必须放弃。

通过这些负载的定义,一组照射$\{L_n\}$可以分为以下三种情况之一。

情况 1:一组照射,如果雷达过载时,有请求$L_1, \cdots, L_p$,且

$$t_n^* + l_n \leq t_{n+1}^*,\text{其中 } n = 1, 2, \cdots, P-1 \tag{4.8}$$

即每次照射都可以安排在其期望的开始时间。这种情况很简单,不需要子调度模块做出任何将开始时间从期望的开始时间移开或舍弃照射的决定。

情况 2:一组照射请求$L_1, \cdots, L_p$,如果雷达过载或式(4.8)无法保持。

对于情况 2 中的一组照射请求,可能会安排所有照射,但只有在至少一个照射没有在其期望的开始时间开始的情况下。也有可能,有些照射必须放弃。

情况 3:一组照射请求$L_1, \cdots, L_p$,如果雷达超载,在这种情况下,一些照射必须放弃。子调度程序还必须为照射选择开始时间。

对于情况 1,所有的照射都可以在它们想要的开始时间进行调度,所以调度很简单是微不足道的。对于情况 2 和情况 3,子调度程序可能必须决定删除哪个照射,并且必须调度保留的每个照射。双斜率得益函数子调度器用于情况 2 或情况 3 的照射请求。

4.2.2.4 子模块概述

双斜率得益函数子模块的输入是一组 P 个主要照射请求。子调度程序的输出是 N 个照射的一个可行子集,其中 $N \leq P$,以及 N 个照射中每个的开始时刻。可行子集的最大元素个数是 P 个。双斜率得益函数子模块的主要组成如图 4.12 所示。

雷达调度器必须决定是否安排照射请求,如果安排照射,则选择一个开始时刻。双斜率得益函数子调度程序分别执行这两个功能:首先决定要调度哪些照射生成照射子集,然后为产生的子集选择启动时刻。

照射请求的顺序是$t_1^* \leq t_2^* \leq t_3^* \leq \cdots \leq t_p^*$。双斜率得益函数子调度模块假

设照射是按顺序调度的,因此 $t_i < t_j$,其中 $i < j$。这个假设显著降低了子调度模块的计算需求,但产生的调度不一定是最优的。

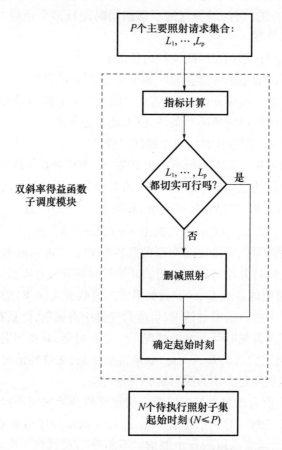

图 4.12　双斜率得益函数子调度模块

首先 P 个照射请求集合 $L_1, \cdots, L_p$ 产生一组照射度量,然后给出该度量的详细计算算法,计算结果用于确定照射请求是否可行。如果照射请求集是可行的,那么可行集将被发送到开始时刻分配算法。如果照射请求集合不可行,则该集合进行删减,直到生成一个可行的照射子集。这个子集是一个照射请求集合的子集,因为一个或多个照射请求已被删减。开始时刻分配算法产生一组开始时刻,使可行照射集的总得益最大化。

虽然基于之前的工作假设,当前开始时刻的安排对系统性能[25]的影响很小,但当跟踪目标误差协方差斜率相差较大时,启动时间调整可能对误差协方差有显著影响。双斜率得益函数子调度模块通过使用得益函数来影响照射的提前或延迟。

4.2.2.5 指标计算

指标计算算法是双斜率得益函数子调度模块的第一阶段。该算法也用于照射删减算法。

设 $L_1,\cdots,L_p$ 是照射请求的输入集合,由于照射假定是按时间顺序安排的,因此 $t_1<t_2<\cdots<t_p$。有很多度量指标可以计算出来,包括:

(1) 每个照射请求被安排的开始时间的集合 $\{t'_n\}_{n=1}^P$;

(2) 每个照射开始时刻可被安排的时段集合 $\{E_n\}_{n=1}^P$,是否能在该时段可被用来确定这组照射请求的可行性,对于一个可行的照射集,所有的指标将被用来分配开始时间;

(3) 整数 Q 满足 $1 \leq Q \leq N$,$\{D_q\}_{q=1}^Q$ 表示被安排了多少个照射的集合;

(4) 以及当 $Q \geq 2$ 时,$\{G_q\}_{q=1}^{Q-1}$ 表示相邻照射之间的空隙集合。

计算标准算法如下:

(1) 令 $t'_1 = s_1, E_1 = u_1 - s_1, q = 1, D_q = 1$,而 $n = 2$;

(2) 令 $t_n^1 = \max(s_n, t'_{n-1} + l_{n-1})$ 及 $E_n = u_n - t'_n$,假如 $s_n > t'_{n-1} + l_{n-1}$,令 $G_q = s_n - t'_{n-1} - l_{n-1}, q = q+1$,则 $D_q = n$;

(3) 如果 $n = P$,那么 $Q = q$,然后停止。否则,令 $n = n+1$ 并转到步骤(2)

指标 $\{t'_n\}$ 表示被安排的起始时间集合,是一组满足 $t'_n \geq s_n$ 中 n 个照射的开始时间。然而,$\{t'_n\}$ 却不一定能满足 $t'_n \leq u_n$ 中的 n,对 $\{t'_n\}$ 可以这样理解:开始时刻 t'_1 是请求 L_1 最早可能开始的时刻。对于这个开始时刻的选择,L_1 在时刻 $t'_1 + l_1$ 结束。依此类推,那么开始时刻 t'_2 是请求 L_2 最早可能开始时刻。如果 $t'_1 + l_1 \geq s_2$,那么 L_2 可以在时刻 $t'_1 + l_1$ 开始。如果 $t'_1 + l_1 < s_2$ 那么 L_2 必须等到时刻 s_2 才能开始,因为开始时刻必须满足 $t'_2 \geq s_2$。对于 L_n 来说,启动时刻 t'_n 是第 n 个请求最早可能启动的时刻,那么 L_m 在时刻 t'_m 开始时,$m = 1,\cdots,n-1$。选择启动时刻 $t'_1\cdots t'_p$ 时,不考虑最晚的启动时刻。

E_n 表示 u_n 和 t'_n 之间的时间差。$\{E_n\}_{n=1}^P$ 是用来判断照射请求集可行性的指标。

可行性验证:如果 $E_n \geq 0 (n=1,\cdots,P)$,那么 $\{L_1,\cdots,L_p\}$ 是一组照射请求,$\{t'_n\}_{n=1}^P$ 为该组照射的可行开始时间。

为了证明这一点,根据定义 $t'_n \geq s_n(n=1,\cdots,P)$ 和 $t'_{n+1} \geq t'_n + l_n(n=1,\cdots,P-1)$,如果 $E_n \geq 0$,则 $u_n \geq t'_n$,表明 $t'_n,\cdots,t'_p$ 是可行的开始时间。从而证明,$L_1,\cdots,L_p$ 是一个可行的集合。

上述指标的计算将照射请求划分为序列 Q。序列 Q 中的第一个照射请求 q 记为 D_q,对应照射请求序列中的第一个照射记为 L_1。对于序列中的每个照射请求,除了最后一个照射请求外,其余照射请求的结束时间均等于下一个照射请求的开始时间。对于除最后一个序列外的所有序列,序列 q 最后一次照射的结束时间与下一个序列的开始时间之差记为 G_q。因为 Q 是最后一个序列,所以 G_Q 没有定义。

对于一个给定的 n,假设 $E_n<0$,照射请求 q 包含所有的 L_n。对条件 $E_n<0$ 的理解如下。由于 L_n 包含在序列 q 中,那么可知:

$$t'_n = s_{D_q} + \sum_{i=D_q}^{n-1} l_i$$

由此可得出 $u_n < t'_n$。如果在 L_n 之前的所有包含在序列 q 中照射都安排在它们的最早可行时刻,那么 L_n 的就不可能安排在可行的时段内。因此,为了使 L_n 在一个可行的开始时间调度,序列 q 中的一个或多个先前照射必须删减。

双斜率得益函数子调度模块中的指标计算有两个目的。首先,指标 $\{E_n\}$ 的计算用来对一组照射请求的可行性进行判断。接下来,开始时间分配算法基于指标 $\{E_n\}$ 来计算总得益最大化的开始时间。很明显,上述计算过程均为标量计算。

4.2.2.6 照射请求删减算法

照射指标用来对一组照射请求的可行性进行判断:对所有 n,假如 $E_n \geq 0$,则该照射集合是可行的。如果该照射集合不可行,那么照射请求删减算法将删减一个或多个照射请求,并生成一组可行的照射安排序列。

照射请求删减算法的流程图如图 4.13 所示。照射请求按峰值收益降序排序。排序后的照射请求被标记为 $\{\Lambda_n\}_{n=1}^P$。照射请求删减的目标是选择一个 $\{\Lambda_n\}_{n=1}^P$ 的可行子集 C。从具有最大峰值优势的照射请求开始,后续的照射请求每次添加一个到集合中,而产生的新集合被发送到指标计算。如果这个新集合是可行的,那么将保留最近添加到该集合的内容。否则,最近添加的内容将被删除。这个过程将持续进行,直到所有的照射请求都被添加完毕。具有最大峰值得益的 Λ_1 将始终包含在 C 中。需要指出的,至少一个照射请求将被删除,因为原始的照射请求集是不可行的。

当照射请求添加到集合中时,指标值将被计算以确定可行性。如果一个集合是不可行的,那么删除最近添加到集合中的请求,理由如下:首先,最近增加的照射与最小的峰值得益,在前期指标计算时已被考虑。其次,删除最近添加的请求会生成一个可行集。

照射请求的相对峰值得益对于照射是否被删减起着重要作用。具有最大峰值得益的照射请求总是被删减。为了被选中,任何其他照射请求连同所有具有较大峰值得益的照射请求必须是一个可行的集合。对于具有较大峰值得益的照射请求,在集合中有较少的其他照射请求,这提高了被删减的可能性。具有更长调度间隔的照射请求也有更高的被选中的可能性。

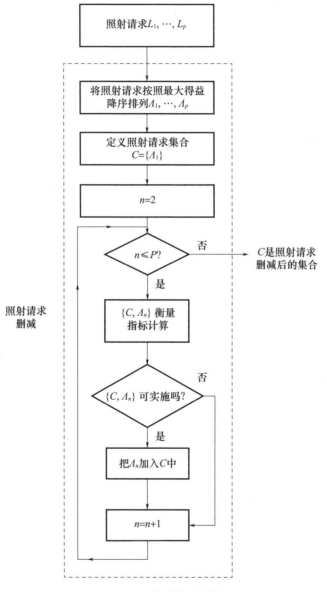

图 4.13　照射请求删减算法

照射请求删减算法从原始照射请求集 $L_1, \cdots, L_p$ 中生成一个可行子集 C。指标计算被照射请求删减算法执行 $P-1$ 次。

4.2.2.7 开始时间的分配

开始时间分配算法的输入是一组可行的照射。如果原始照射请求集是可行的,那么输入集就是原始照射集。如果不是,那么输入的照射请求集就是利用照射请求删减算法生成的可行子集。输入照射集是 $\{L_n\}_{n=1}^N$,衡量标准 $\{t'_n\}_{n=1}^N$,$\{E_n\}_{n=1}^N, Q, \{D_q\}_{q=1}^Q$ 和 $\{G_q\}_{q=1}^{Q-1}$(其中 $Q \geq 2$)对输入照射集进行指标计算。开始时间分配算法对输入集的所有照射进行安排。

因为所有的照射都是被安排好的,所以开始时间 t'_n 是 L_n 可能最早的可行开始时间。所有可行的开始时间可以表示为

$$t_n = t'_n + \alpha_n, n = 1, \cdots, N$$

且具备以下条件:

$$0 \leq \alpha_n \leq E_n, n = 1, \cdots, N \quad (4.9)$$

$$\alpha_n \leq \alpha_{n+1} + \beta_n, n = 1, \cdots, N \quad (4.10)$$

当

$$\beta_n = \begin{cases} 0, & \text{如果 } L_n \text{ 和 } L_{n+1} \text{ 属于同一序列} \\ G_q, & \text{如果 } L_n \text{ 属于序列 } q \text{ 且 } L_{n+1} \text{ 属于序列 } q+1 \end{cases} \quad (4.11)$$

开始时间分配算法计算可行的开始时间,使总得益最大化,可表示为

$$\bar{B}(t_1, \cdots, t_N) = \sum_{n=1}^{N} B_n(t_n) \quad (4.12)$$

得益函数将表示为

$$B_n(t_n) = B_n(t'_n) + f_n(\alpha_n) \quad (4.13)$$

那么,总得益函数可以表示为

$$\bar{B}(t_1, \cdots, t_N) = \sum_{n=1}^{N} B_n(t_n) = \sum_{n=1}^{N} [B_n(t'_n) + f_n(\alpha_n)]$$

因此,选择可行的开始时间使式(4.12)最大化,也就等于使 $\{\alpha_n\}_1^N$ 最大化:

$$\sum_{n=1}^{N} f_n(\alpha_n) \quad (4.14)$$

由于受线性不等式(4.9)和式(4.10)约束,以及如果 $f_n(\alpha_n)$ 对于变量 α_n 是线性的,那么最大化问题就是一个线性问题,可以通过求解线性方程来解决[120]。

得益函数可以用以下形式表示式(4.13),首先,当 $t'_n > t_n^*$ 时:

$$B_n(t_n) = B_n(t'_n + \alpha_n)$$
$$= B_n^* - \Delta_n(\alpha_n - t_n^* + t'_n)$$
$$= B_n(t'_n) - \Delta_n \alpha_n$$

因此,$f_n(\alpha_n)$ 可以表示为一个线性方程,即

$$f_n(\alpha_n) = -\Delta_n \alpha_n$$

然后,当 $t'_n < t_n^*$ 时,可以得出:

$$\begin{aligned} B_n(t_n) &= B_n(t'_n + \alpha_n) \\ &= \begin{cases} B_n^* - \delta_n(t_n^* - t'_n) + \delta_n \alpha_n, & 0 \leq \alpha_n < t_n^* - t'_n \\ B_n^* - \delta_n(t_n^* - t'_n) + \delta_n(t_n^* - t'_n) - \Delta_n(\alpha_n - t_n^* + t'_n), & t_n^* - t'_n \leq \alpha_n \leq E_n \end{cases} \\ &= B_n(t'_n) + f_n(\alpha_n) \end{aligned}$$

其中,函数 $f_n(\alpha_n)$ 由以下公式给出:

$$f_n(\alpha_n) = \begin{cases} \delta_n \alpha_n, & 0 \leq \alpha_n < t_n^* - t'_n \\ \delta_n(t_n^* - t'_n) - \Delta_n(\alpha_n - t_n^* + t'_n), & t_n^* - t'_n \leq \alpha_n \leq E_n \end{cases} \quad (4.15)$$

在此情况下,$f_n(\alpha_n)$ 是一个分段线性方程。传统的线性规划求解方法要求目标函数是线性的。针对分段线性目标函数有一些现有方法[121,122]。这里采取的方法是通过使用额外的变量将分段线性目标函数转换为等效的线性目标函数[123]。如此,就能采用传统的求解方法。

回到式(4.15),当 $t_n^* - t'_n \leq \alpha_n \leq E_n$:

$$\begin{aligned} f_n(\alpha_n) &= \delta_n(t_n^* - t'_n) - \Delta_n(\alpha_n - t_n^* + t'_n) \\ &= \delta_n \alpha_n - (\delta_n + \Delta_n)(\alpha_n - t_n^* + t'_n) \end{aligned}$$

因此,函数 $f_n(\alpha_n)$ 由以下公式给出:

$$f_n(\alpha_n) = \begin{cases} \delta_n \alpha_n, & 0 \leq \alpha_n < t_n^* - t'_n \\ \delta_n \alpha_n - (\delta_n + \Delta_n)(\alpha_n - t_n^* + t'_n), & t_n^* - t'_n \leq \alpha_n \leq E_n \end{cases}$$

当 $0 \leq \alpha_n \leq E_n$,$f_n(\alpha_n)$ 可以简化为线性方程:

$$f_n(\alpha_n) = \delta_n \alpha_n - (\delta_n + \Delta_n) \phi_n$$

其中

$$\begin{aligned} \phi_n &= \begin{cases} 0, & 0 \leq \alpha_n < t_n^* - t'_n \\ \alpha_n - t_n^* + t'_n, & t_n^* - t'_n \leq \alpha_n \leq E_n \end{cases} \\ &= \max(0, \alpha_n - t_n^* + t'_n) \end{aligned}$$

如此,优化问题成为一个线性求解问题,接下来简单介绍。不妨设所有满足 $t'_n \leq t_n^*$ 的 n 的集合为 N_E。选择 $\{\alpha_n\}_1^N$ 和 $\{\phi_n\}_{n \in N_E}$ 从而最大化式(4.14),其中

$$f_n(\alpha_n) = \begin{cases} \delta_n \alpha_n - (\delta_n + \Delta_n) \phi_n, & t'_n \leq t_n^* \\ -\Delta_n \alpha_n, & t'_n > t_n^* \end{cases} \quad (4.16)$$

服从以下约束:

$$v_n = E_n - \alpha_n, n = 1, \cdots, N-1 \quad (4.17)$$

$$w_n = \alpha_{n+1} - \alpha_n + \beta_n, n = 1, \cdots, N-1 \quad (4.18)$$

$$x_n = \phi_n - \alpha_n + t_n^* - t_n', n \in N_E \tag{4.19}$$

其中,β_n 是由式(4.11)给出;α_n、ϕ_n、v_n、w_n、$x_n \geq 0$,是由简单的求解方法计算得出,使式(4.14)最大化,该方法细节在文献[124]已给出。

假设 $\{\alpha_n\}_1^N$ 和 $\{\phi_n\}_{n\in N_E}$ 是能够最大化式(4.14)的变量集。那么,使得总得益最大化的开始时间可由以下公式给出:

$$\hat{t}_n = t_n' + \hat{\alpha}_n, \qquad n = 1, \cdots, N$$

这个优化问题有一些值得注意的特殊情况。首先,需考虑在 $t_n' \geq t_n^*$ 的情况。对式(4.16)的研究表明,式(4.14)最大化的条件是 $\alpha_n = 0$。此时无须进行线性求解,同时开始时间 $\{t_n'\}_{n=1}^N$ 是最优的。值得注意的是,若 $s_n = t_n^*$,那么根据定义,则 $t_n' \geq t_n^*$。

另外一个特殊的情况是,当 $t_n^* = u_n$ 时,优化问题可简化为使 $\{\alpha_n\}_1^N$ 最大化,其中

$$f_n(\alpha_n) = \delta_n \alpha_n$$

服从以下约束条件:

$$v_n = E_n - \alpha_n, n = 1, \cdots, N$$
$$w_n = \alpha_{n+1} - \alpha_n + \beta_n, n = 1, \cdots, N-1$$

其中,β_n 由式(4.11)和 α_n、v_n、$w_n \geq 0$ 共同决定。该情况下,由式(4.4)给出的得益函数是线性的,而不是一般情况下的分段线性。因此,不需要引入变量 ϕ_n 和 x_n 来将优化问题转换为线性求解问题。

得益函数定义为双斜率函数,分别由式(4.4)、式(4.5)给出。其他形式的得益函数也可以按照第4.2.7节明确的来给出。指标计算和照射请求删减算法不依赖于得益函数的形式。只有时间分配算法的优化依赖于得益函数的形式。

双斜率得益函数调度法子调度模块在一段时间窗口进行排序。如果在调度完成之前生成了一个新的主要照射请求,那么调度模块必须确定在新照射请求的期望启动时间内是否存在空隙。如果空隙不可用,则必须生成包含所有未来照射请求的新调度。

4.2.2.8 照射参数对主要照射调度的影响

对于双斜率得益函数调度法子调度模块,每个照射请求都有一组照射参数。峰值得益影响照射请求是否删减,而提前和推迟调度的斜率反映开始时间与期望的开始时间的接近程度。

如果原始的照射请求集是可行的,那么就不需要删减。然而,如果原始集不可行,那么峰值得益 B_n^* 在删减过程中发挥重要作用。因为照射请求是按照峰值得益降序排列的,所以峰值得益更大的照射请求通常更容易被删减。这是因为:当考虑将峰值得益最大的照射请求包含在集合 C 中时,会使其他照

射请求不容易得到满足,导致整个请求集合不可行。以前关于任务优先级的研究工作,特别是,基于模糊逻辑[12,13]和神经网络[8]的方法,对于计算峰值得益提供了支撑。

提前和推迟调度的斜率代表了照射请求的可变性。一旦生成了一组可行的照射请求,为提前和推迟调度所选择的斜率 δ_n 和 Δ_n,将影响实际照射安排时间与预期开始时间的接近程度。如果一个照射相对于其他照射具有更大的 δ_n 和 Δ_n 值,那么该照射将被优先安排在其期望的开始时间附近。这种设定使得照射集的开始时间选择非常灵活。如果照射集几乎全部满载,那么在选择开始时间方面就没有灵活性可言。

双斜率得益函数调度法子调度模块还要求选择调度间隔和所需的开始时刻。跟踪数据率可以用来计算期望的开始时刻,这在文献[21,125,126]中已经进行了研究。文献[125]中推导出了一个最晚开始时刻的公式,并给出了最晚开始时刻的结果。调度间隔的确定及其对跟踪性能的影响,是一个需要进一步研究的领域。

4.2.2.9 小结

双斜率得益函数调度法子调度模块接收主要照射请求,并为主要照射请求的可行子集生成开始时刻。如果有必要,删减照射请求偏向于更高的峰值得益照射请求。通过选择开始时刻从而使可行照射请求的总体得益最大化。结果表明,最大化问题可以表示为一个线性规划问题,可以用单纯形法解决。

4.2.3 次要照射间隙填充(GF)子调度模块

次要照射间隙填充子调度模块的输入是由双斜率得益函数调度法子调度器生成的主要照射调度时序,以及次要照射请求子集。如果整个窗口都被主要照射占用,那么间隙填充子调度器将无须进行任何处理,主要照射调度模块生成的时序是序惯调度算法的最终输出。然而,如果窗口中有任何间隙时间间隔,则间隙填充子调度器将尝试在间隙时间间隔中安排次要照射。次要照射请求被假定为一个队列。

4.2.3.1 次要照射请求队列管理

低优先级搜索功能由 M 个任务组成,其中每个任务是对雷达特定空域进行搜索,空域可以是一个或多个波位。每个任务生成一个照射请求,该请求被发送给子调度模块。当来自任务 m 的照射被执行时,同一任务会生成一个新的照射请求。因此,每个任务始终有一个照射请求会存在于子调度模块中。将任务 m 的照射请求记为 λm,其中 $m=1,\cdots,M$。假设每个次要照射的时长均为 d,一般来说,不同照射的驻留时间可能有不同的长度。与主要照射请求不同,次要照射请求没有与之相关的调度间隔。次要照射请求没有最早的开始时刻,因为从任务 m 的角度来看,低优先级搜索波位 m 没有最大得益。同样次要照射请求也没有最晚的开始时刻,即使离上一次照射波位 m 时间很长,也只会有利于雷达调度 λ_m,因为任务 m 关联的监视区域将会得到监视能力增强。

子调度模块总是会接收 M 个次要照射请求。与每个照射请求相关联的是距离上一次照射经过的时间 ϵ_m。允许将请求放在一个队列中,以便子调度模块选择队列中的第一个照射请求。对队列中的照射请求进行排序将决定照射请求的调度方式。我们考虑了两种不同的情况:一种是所有的照射请求具有相同的优先级,另一种是照射请求具有不同的优先级。

4.2.3.2 同等优先级照射

当所有 M 个照射请求具有相同的优先级时,照射请求形成一个先进先出(FIFO)队列。在从队列顶部选择并安排好每个照射之后,它将被插入到队列的底部(表 4.4)。FIFO 队列相当于将 ϵ_m 的照射请求按降序排列。ϵ_m 最大的照射请求是下一个计划调度的照射请求。

表 4.4 Time 为 0 时刻的同优先级的搜索照射请求队列

照射请求	占用时间 ϵ_m/s
λ_3	6.7
λ_4	6.5
λ_5	6.1
λ_6	6.0
λ_1	5.3
λ_2	4.5

考虑一个有 6 个照射的示例,其中每个照射具有相同的优先级。设当前时间为时间 0。表 4.4 显示了时间 0 时的队列。按照运行时间 ϵ_m 的降序排列。如果要进行次要照射,将从队列的顶部选择 λ_3。现在假设在 0 时刻和 0 到 t 之间没有安排次要照射。虽然 ϵ_m 值在 0 到 t 之间都增加了 t,但是照射在队列中的排列顺序不会改变。在这个相同优先级的例子中,无论何时选择下一个照射,λ_3 都将是下一个照射。

4.2.3.3 照射优先级不同

当照射有不同优先级的情况时,该模式适用于不同的监视任务,在这些任务中,照射有期望的开始时间。在这种情况下,每个照射都有一个优先值,这

个优先值由 ω_m 指定。当子调度模块选择一个要调度的照射时,所有 ω_m 值最小且 $\omega_m \leq \epsilon_m$ 的照射都放在队列的最前面(表4.5)。如果有多个这样的照射,那么 ϵ_m 将按照从高到低的顺序排列。这是所有照射具有相同优先级的情况,因为对所有 m 选择 $\omega_m = \infty$ 会在先进先出队列中得到结果。在该方案中,优先级越高的照射的 ω_m 值越小,使得照射 λ_m 的调度频率越高。

表4.5　Time 为 0 时刻的不同优先级的搜索照射请求队列

照射请求	优先级 ω_m/s	占用时间 ϵ_m/s
λ_6	5.5	6.0
λ_4	6.0	6.5
λ_3	∞	6.7
λ_5	∞	6.1
λ_1	∞	5.3
λ_2	5.0	4.5

回顾6个照射示例,若经过的时间与前例相同,设当前时间为0时刻。在这种情况下,每个照射都被分配了一个优先级值,如表4.5所示。照射 λ_4 和 λ_6 的运行时间大于它们的优先级,所以它们被放在队列中其他照射的前面。照射 λ_6 的运行时间比照射 λ_4 短,但是 λ_6 的 ω_m 值更小,所以在队列中它被放在 λ_4 的前面。照射 λ_2 的优先级值 $\omega_2 = 4.0$,但是它的运行时间小于它的优先级,所以它在队列中没有优先级。在 0 时刻,如果要安排次要照射,将从队列的顶部选择 λ_6。如果一个照射不是被安排在 0 时刻,而是在 0~0.5s 之间选择,那么照射 λ_6 仍然会被安排,因为它将在队列的顶端。

表4.6　Time 为 0.5 时刻的不同优先级的搜索照射请求队列

请求	优先级 ω_m/s	占用时间 ϵ_m/s
λ_2	5.0	5.0
λ_6	5.5	6.5
λ_4	6.0	7.0
λ_3	∞	7.2
λ_5	∞	6.6
λ_1	∞	5.8

假设没有在 0 时刻或 0~0.5s 之间的任何时间安排次要照射。在 0.5 时,所有照射的运行时间将增加 0.5。由于 $\omega_2 = \varepsilon_2$,且 ω_2 为最小优先值,所以照射 λ_2 将移到队列的最前面,如表4.6所示。因此,可以看出,队列中的排序可以随着时间而变化,这取决于 ω_m。

4.2.3.4 子调度模块操作

间隙填充子调度模块从由双斜率得益函数调度法子调度模块生成的主要照射调度开始,并考虑窗口中没有安排主要照射的所有时间间隔。目标是在每个空闲时间间隔中安排尽可能多的次要照射。假设 I 是一段空闲时间的长度。如果 $I<d$,则不安排次要照射。否则,在区间内调度 k 个照射,其中 k 满足:

$$kd \leqslant I < (k+1)d$$

当要调度一个或多个照射时,间隙填充子调度程序计算此时队列的状态,并调度队列顶部的照射。

4.2.4 调度示例

序惯调度算法是一种通用的调度技术,可以应用于具有任意参数的主要照射和次要照射请求。本节将用几个示例来演示调度算法的特征。在每个示例中,调度算法同时接收许多搜索或跟踪照射请求,并为每个时间窗口生成这些请求的调度安排。虽然在这些示例中只考虑一个时间窗口,但操作调度算法会为连续的时间窗口按顺序安排照射请求。在本节中,主要照射仅包括跟踪照射,次要照射仅包括搜索照射。

在所有示例中,时间窗口的开始时间为 0ms。时间窗口长度为 300ms。调度算法将调度所有在结束时间之前开始的照射。窗口的实际结束时间是最后一次照射完成的时间。有 20 个搜索照射请求,都有同等优先级。搜索照射请求队列由大到小依次为 λ_1、λ_2、$\cdots$、λ_{20}。每个搜索照射的长度为 $d=15\text{ms}$。在上述示例中,对所有跟踪照射请求而言 $\delta_n = \Delta_n$,但通常 δ_n 和 Δ_n 可以相互独立选择。表 4.3 中提供了双斜率得益函数调度法子调度算法的参数列表。

例1:无跟踪照射调度。在本例中,调度程序没有接收到跟踪照射请求。因此,搜索照射请求是根据照射请求在队列中的顺序调度的。照射 λ_i 的起始时间为 $15(i-1)$,结束时间为 $15i$。搜索照射占据了全部的时间窗口。

例2:情况 1 中的跟踪照射调度。在这个例子中,调度算法接收到三个跟踪照射请求,其中照射参数如表 4.7 所示。很明显,$t_1^* + l_1 < t_2^*$ 和 $t_2^* + l_2 < t_3^*$。因此,跟踪照射处于情况 1 中,可以按照它们期望的开始时间安排,如表 4.7 的最后一列所示。

表 4.7 例 2 中的搜索照射参数和起始时间

编号	搜索照射参数							起始时间
	s_n	t_n^*	u_n	l_n	B_n^*	δ_n	Δ_n	$\hat{t}_n$
L_1	5	32	60	15	500	2	2	32
L_2	68	95	115	20	1000	1	1	95
L_3	197	220	240	15	200	1	1	220

给定一个跟踪调度,间隙填充子调度算法会在调度间隔内安排尽可能多的搜索照射。所得到的时间表如表4.8所示。标记为"功能"的列表表示某个时间间隔是空闲的,还是被搜索照射或跟踪照射所占用。在排队的20个搜索照射中,已有17个是在窗口期间安排的,所以λ_{18}搜索照射在窗口末端的队列中是最优先的。在310ms的窗口长度中,82.3%的窗口被搜索照射占用,16.1%的窗口被跟踪照射占用,1.6%的窗口空闲。

对于本例,跟踪照射的调度不受许多照射参数的影响,例如调度间隔$[s_n, u_n]$、峰值得益B_n^*,提前和推迟调度的斜率δ_n和Δ_n。例子3A、3B、4A和4B所呈现的情况是,并不是所有的跟踪照射都可以安排在它们期望的开始时间。在这些情况下,照射参数将确定哪些照射请求被删减,以及它们何时被安排。

表4.8 例2中序贯调度算法的输出

功能	搜索照射编号	起始时间/ms	结束时间/ms
搜索	λ_1	0	15
搜索	λ_2	15	30
空闲	—	30	32
跟踪	L_1	32	47
搜索	λ_3	47	62
搜索	λ_4	62	77
搜索	λ_5	77	92
空闲	—	92	95
跟踪	L_2	95	115
搜索	λ_6	115	130
搜索	λ_7	130	145
搜索	λ_8	145	160
搜索	λ_9	160	175
搜索	λ_{10}	175	190
搜索	λ_{11}	190	205
监视	λ_{12}	205	120
跟踪	L_3	220	235
搜索	λ_{13}	235	250
搜索	λ_{14}	250	265
搜索	λ_{15}	265	280
搜索	λ_{16}	280	295
搜索	λ_{17}	295	310

4.2.4.1 例3A和3B：情况2下的跟踪照射调度

例3A和3B考虑一组处于情况2的跟踪照射。这两个示例在提前和推迟调度方面有不同的请求，以突出双斜率得益函数调度法子调度模块的特点。

例3A：调度器接收10个跟踪照射请求，其中照射参数如表4.9所示。回顾4.2.2.3节中雷达装载和照射请求条件。这一组的时间分别为 $\bar{l} = 195\text{ms}$ 和 $\tau = 255\text{ms}$，且对于 $n = 1, \cdots 9, t_n^* + l_n < t_{n+1}^*$ 方程不满足。因此，跟踪照射处于情况2。

双斜率得益函数调度法子调度模块首先为一组照射请求执行指标计算。照射指标 $\{t_n'\}$ 和 $\{E_n\}$ 如表4.9显示。如4.2.2.5节所述，$\{E_n\}$ 指定了可以应用于序列内每个照射的最大延迟。因为参数 $\{E_n\}$ 对于所有 n 都是非负的，所以照射请求集是可行的。在本例中，照射请求集被划分为两个序列：即 $Q = 2$。序列对应的参数 D_q、G_q 如表4.10所示。如第4.2.2.5节所述，G_q 量化可应用于在不同序列中的照射的最大延迟。可以看到，第一个序列包括从 L_1 到 L_5 的照射请求，而第二个序列包括从 L_6 到 L_{10} 的照射请求。参数 G_2 未定义，因为指标计算始终未定义 G_Q。

表4.9 例3A中的搜索照射参数、指标和起始时间

照射	搜索照射参数							搜索照射度量		起始时间
	s_n	t_n^*	u_n	L_n	B_n^*	δ_n	Δ_n	T_n'	E_n	$\hat{t}_n$
L_1	5	25	40	15	700	5	5	5	35	18
L_2	15	38	56	15	200	1	1	20	36	33
L_3	21	48	68	20	1000	10	10	40	33	48
L_4	45	50	70	15	500	4	4	60	15	68
L_5	75	88	114	25	900	8	8	75	39	88
L_6	130	142	168	20	300	4	4	130	38	135
L_7	135	155	192	25	700	5	5	150	42	155
L_8	150	170	225	15	600	6	6	175	50	180
L_9	172	210	220	20	900	10	10	190	30	210
L_{10}	195	225	240	20	200	2	2	210	30	230

表4.10 例3A中的序列参数

序列/q	D_q	G_q
1	1	30
2	6	—

照射请求集是可行的，因此不需要删减照射，峰值得益对双斜率得益函数调度法子调度模块产生的最终调度没有影响。双斜率得益函数调度法子调度模块的下

一步是开始时间分配算法。双斜率得益函数调度法子调度算法计算的开始时间$\hat{t}_n$显示在表4.9的最后一列中。开始时间分配算法使用度量$\{t'_n\}$作为初始开始时间,并增加开始时间以使总得益最大化。图4.14显示了开始时间随着单纯形法的增加而增加的总得益。在这个例子中,单纯形法需要12次迭代来计算总得益最大化的开始时间。如4.2.6节所述,如果输入的基本变量值为零,则单纯形法的迭代不会导致目标函数的变化。这解释了图4.14中目标函数保持不变的迭代。

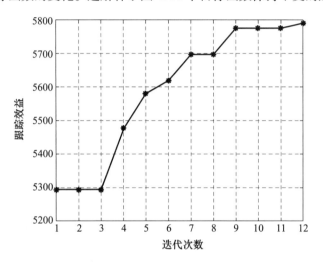

图4.14 例3A的单纯形法总得益的增长图示

在本例中,可以单独检查这两个照射序列,以理解如何使总得益最大化。考虑第一个照射序列,它由L_1到L_5组成。对于照射L_1、L_2、L_3和L_5,$t'_n < t_n^*$,以便从t'_n增加开始时刻增加这些照射的得益函数。然而,对于照射L_4,$t'_n > t_n^*$,因此从t'_n开始增加开始时刻会减少第4个照射的得益函数。对于开始时刻每增加1ms,净收益是20ms。递增的开始时刻会导致总得益的净增加,直到其中一个照射开始时刻达到其期望的开始时刻或其最晚的开始时刻。在这种情况下,当L_3的开始时刻达到48ms时发生这种情况,这是它想要的开始时刻。进一步增加前四种照射的开始时刻并不会增加总得益。然而,进一步增加第五次照射的开始时刻确实增加了总得益。当第5次照射的开始时间达到预期的88ms时,第一个序列的总得益就最大化了。

第二个队列的照射由照射L_6到照射L_{10}组成。对于除L_8以外的每一次照射,$t'_n < t_n^*$,因此从t'_n开始增加开始时刻将增加个体得益函数。对于照射L_8,$t'_n > t_n^*$,因此从t'_n开始增加开始时刻会减少这个照射的得益函数。增加第二个序列的开始照射时刻会增加总得益,直到L_7的开始照射时刻达到155ms,这是它期望的开始时刻。此时,增加L_6、L_7和L_8的开始时刻并没有带来净得益的增加。但是，增加 L_9 和 L_{10} 的开始时刻会增加净得益，直到 L_9 的开始时刻达到 210ms，这是其期望的开始时刻。

由于雷达在跟踪照射请求中负载不足，子调度模块在示例 3A 分配开始时间方面具有灵活性。可以看出，提前和推迟调度的斜率 δ_n 和 n 决定了总得益最大化的启动时间。斜率值最大的两个照射 L_3 和 L_9 都安排在预期的开始时刻。请注意，拥有较大的斜率值并不一定意味着给定的照射将比拥有较小斜率值的相邻照射更接近其期望的开始时刻。在这个例子中，即使 $\delta_7 = \Delta_7 = 5$ 且 $\delta_8 = \Delta_8 = 6$，照射 L_7 被安排期望开始时刻，而照射 L_8 却不是。

给定表 4.9 最后一列中显示的照射开始时刻，间隙填充子调度模块用搜索照射填充空闲时间间隔。表 4.11 显示了示例 3A 的序惯调度模块的输出。已经安排了七次照射。在总时间窗口中，61.3% 被跟踪照射占据，33.9% 被搜索照射占据，4.8% 被闲置。

表 4.11 例 3A 中的序贯调度算法的输出

功能	照射请求编号	起始时间/ms	结束时间/ms
搜索	λ_1	0	15
空闲	—	15	18
跟踪	L_1	18	33
跟踪	L_2	33	48
跟踪	L_3	48	68
跟踪	L_4	68	84
空闲	—	83	88
跟踪	L_5	88	113
搜索	λ_2	113	128
空闲	—	128	135
跟踪	L_6	135	155
跟踪	L_7	155	180
跟踪	L_8	180	195
搜索	λ_3	195	210
跟踪	L_9	210	230
跟踪	L_{10}	230	250
搜索	λ_4	250	265
搜索	λ_5	265	280
搜索	λ_6	280	295
搜索	λ_7	295	30

由序惯调度模块产生的时间间隙小于搜索照射的长度。因此,更短的搜索照射长度导致更短的空闲时间间隙。调度所产生的时间间隙的总量取决于搜索照射的长度和由双斜率得益函数调度法子调度算法产生的间隙总数。

例 3B:调度模块接收 10 个跟踪照射请求。照射参数与例 3A 相同,只是 δ_2、Δ_2、δ_8 和 Δ_8 增加到 12。这些修改值在表 4.12 中用粗体斜体表示。这些参数的变化导致 10 个照射中有 7 个的开始时刻发生了变化。新的开始时刻在表 4.12 的最后一列以粗体斜体表示。

由于 δ_2 和 Δ_2 的增加,照射 L_2 被安排在 35ms,这比示例 3A 中更接近它的预期开始时刻 2ms。相邻的 L_3 和 L_4 阻止 L_2 被安排在它所期望的 33ms 的开始时刻,L_4 被安排在其最晚 70ms 的开始时刻,这迫使 L_3 被安排在 50ms 之后,反过来又迫使 L_2 被安排在 35ms 之前。

类似地,δ_8 和 Δ_8 的增加导致 L_8 被安排得更接近其期望的开始时刻。相邻的 L_6 和 L_7 防止 L_8 在其预期的 170ms 开始时刻被调度。照射 L_6、L_7 和 L_8 被安排在 t'_6、t'_7 和 t'_8。

示例 3A 和 3B 说明了照射参数 δ_n 和 Δ_n 对双斜率得益函数调度法子调度模块计算的调度的影响。δ_n 和 Δ_n 值越大,照射 L_n 就会被安排得更接近其期望的开始时刻。

表 4.12 例 3B 中的搜索照射参数、度量和起始时间

编号	搜索照射参数							搜索照射度量		起始时间
	s_n	t_n^*	u_n	l_n	B_n^*	δ_n	Δ_n	t'_n	E_n	$\hat{t}_n$
L_1	5	25	40	15	700	5	5	5	35	***20***
L_2	15	38	56	15	200	***12***	***12***	20	36	***35***
L_3	21	48	68	20	1000	10	10	40	33	***50***
L_4	45	50	70	15	500	4	4	60	15	***70***
L_5	75	88	114	25	900	8	8	75	39	88
L_6	130	142	168	20	300	4	4	130	38	***130***
L_7	135	155	192	25	700	5	5	150	42	***150***
L_8	150	170	225	15	600	***12***	***12***	175	50	***175***
L_9	172	210	220	20	900	10	10	190	30	210
L_{10}	195	225	240	20	200	2	2	210	30	230

注:加粗斜体为与例 3A 中数据相比有变化。

4.2.4.2 例 4A 和 4B:情况 3 下的跟踪照射调度

示例 4A 和 4B 考虑了一组处于情况 3 的跟踪照射。这两个例子有不同的

峰值得益的照射请求,以突出双斜率得益函数调度法子调度模块的特征。

例 4A:调度程序接收 20 个照射请求,照射参数如表 4.13 所示。这两组时间分别为 $\bar{l}=380\text{ms}$ 和 $\tau=314\text{ms}$,因此这组时间属于情况 3。因此,需要删除一个或多个照射请求,以生成一组可行的照射。

表 4.13 例 4A 中的搜索照射设置参数、度量和起始时间

照射	搜索照射参数							向下选择前搜索照射度量		向下选择后搜索照射度量		起始时间
	s_n	t_n^*	u_n	L_n	B_n^*	δ_n	Δ_n	t'_n	E_n	t'_n	E_n	$\hat{t}_n$
L_1	0	19	46	20	300	2	2	0	46	0	46	0
L_2	3	29	61	20	200	6	6	20	41	20	41	20
L_3	10	36	62	15	500	9	9	40	22	40	22	40
L_4	20	45	74	25	300	9	9	55	19	55	19	55
L_5	46	77	107	25	400	3	3	80	27	80	27	80
L_6	93	119	153	15	500	5	5	105	48	105	48	105
L_7	90	120	146	20	200	4	4	120	26	×	×	×
L_8	106	131	164	25	500	6	6	140	24	120	44	120
L_9	104	138	173	20	700	3	3	165	8	145	28	145
L_{10}	111	139	165	20	300	2	2	185	−20	165	0	165
L_{11}	144	175	208	15	800	5	5	205	3	185	23	185
L_{12}	164	196	226	15	200	3	3	220	6	200	26	200
L_{13}	168	202	233	20	500	1	1	235	−2	215	18	215
L_{14}	172	206	238	20	100	10	10	255	−17	×	×	×
L_{15}	180	213	243	20	300	5	5	275	−32	235	8	235
L_{16}	192	224	253	15	100	10	10	295	−42	×	×	×
L_{17}	196	227	261	20	300	8	8	310	−49	255	6	255
L_{18}	214	240	269	15	200	1	1	330	−61	×	×	×
L_{19}	219	248	281	20	300	7	7	345	−64	275	6	275
L_{20}	241	270	299	15	300	7	7	365	−66	295	4	295

注:"×"代表在向下选择过程中搜索照射设置请求被放弃。

双斜率得益函数调度法子调度模块首先计算一组照射请求的照射指标。这些在删减计算的指标如表 4.13 所示。照射请求被划分为一个序列；即 $Q=1$。对于一些照射而言，$E_n<0$。因此，初始的照射请求集合是不可用的，子调度模块执行删减算法。作为删减的结果，照射 L_7、L_{14}、L_{16} 和 L_{18} 被丢弃，以产生一组可行的照射。可行集删减后的照射指标如表 4.13 所示。删减后，$E_{10}=0$，表示对于照射 L_{10}、$t'_{10}=u_{10}$。照射必须安排在 $t'_{10}=165\text{ms}$。所有的删减照射都按照删减后计算的时间 $\{t_n\}$ 进行调度。因此，前期和后期调度的坡度 δ_n 和 Δ_n 对生成的最终调度没有影响。

在最初的照射请求集合中，有两个照射请求 L_{14} 和 L_{16}，峰值得益为 100，这是所有照射请求中峰值得益最低的值。这两个照射要求都被列入了"照射删减"中。四个照射请求的峰值得益为 200，其中两个照射请求被放弃了。因此，被删减的四个照射请求具有最低的峰值得益。这种情况不一定适用于所有的照射请求集，因为照射删减过程也会影响调度间隔的长度，以及不同照射请求之间的调度间隔间的关系。

双斜率得益函数调度法子调度模块产生的调度没有空闲间隔。因此，跟踪调度是最终调度，在本例中没有调度监视照射。

例 4B：在这个例子中，调度器接收 20 个照射请求。照射参数与示例 4A 中的相同，除了照射 L_9 的峰值得益是 400，照射 L_4 和 L_{14} 的峰值得益是 1000。这些峰值得益的修改值在表 4.14 中用粗体斜体表示，它还显示了向下选择前后的照射指标和双斜率得益函数调度法子调度模块生成的开始时刻 $\hat{t}_n$。

表 4.14 中的最后一列显示了照射请求的开始时刻，符号"×"表示照射已被删除。如果删减算法的结果与示例 4A 中的结果不同，开始时刻条目将以粗体斜体显示。照射 L_2、L_{10} 和 L_{12} 在例 4A 中被选中，但在例 4B 中被删除。照射 L_7 和 L_{14} 在示例 4A 中被删除，但在示例 4B 中被删减。增加照射 L_{14} 的峰值得益改变了照射请求删减算法的结果。对于其他所有删减算法的结果发生变化的照射，它们的峰值得益相对较低，与例 4A 没有变化。其他照射请求的峰值得益的变化导致了照射请求删减算法的结果变化。

表 4.14　例 4B 中的照射参数、指标和起始时间

照射	照射参数							照射删减前的照射度量		照射删减后的照射度量		起始时间
	s_n	t_n^*	u_n	L_n	B_n^*	δ_n	Δ_n	t'_n	E_n	t'_n	E_n	$\hat{t}_n$
L_1	0	19	46	20	300	2	2	0	46	0	46	10
L_2	3	29	61	20	200	6	6	20	41	×	×	×

续表

照射	照射参数							照射删减前的照射度量		照射删减后的照射度量		起始时间
	s_n	t_n^*	u_n	L_n	B_n^*	δ_n	Δ_n	t'_n	E_n	t'_n	E_n	$\hat{t}_n$
L_3	10	36	62	15	500	9	9	40	22	40	22	30
L_4	20	45	74	25	*1000*	9	9	55	19	55	19	45
L_5	46	77	107	25	400	3	3	80	27	80	27	70
L_6	93	119	153	15	500	5	5	105	48	105	48	95
L_7	90	120	146	20	200	4	4	120	26	108	38	*110*
L_8	106	131	164	25	500	6	6	140	24	120	44	130
L_9	104	138	173	20	*400*	3	3	165	8	145	28	155
L_{10}	111	139	165	20	300	2	2	185	−20	×	×	×
L_{11}	144	175	208	15	800	5	5	205	3	175	35	175
L_{12}	164	196	226	15	200	3	3	220	6	×	×	×
L_{13}	168	202	233	20	500	1	1	235	−2	188	45	190
L_{14}	172	206	238	20	*1000*	10	10	255	−17	208	15	*210*
L_{15}	180	213	243	20	300	5	5	275	−32	228	15	230
L_{16}	192	224	253	15	100	10	10	295	−42	×	×	×
L_{17}	196	227	261	20	300	8	8	310	−49	248	13	250
L_{18}	214	240	269	15	200	1	1	330	−61	×	×	×
L_{19}	219	248	281	20	300	7	7	345	−64	268	13	270
L_{20}	241	270	299	15	300	7	7	365	−66	288	11	290

注:"×"代表在删减过程中搜索照射请求被删除。得益峰值与例4A不同,以斜体加粗显示。起始时间如果与例4A中不同,则也如此处理。

4.2.4.3 小结

本节提供的示例演示了序惯调度算法为不同数量的跟踪照射请求生成的调度。当没有跟踪照射请求或所有跟踪照射请求都可以在它们期望的时间调度时,生成跟踪照射调度是很简单的,如示例1和示例2中所示。然而,并非所有跟踪照射请求都能在它们期望的时间调度时,双斜率得益函数调度法子调度模块会在需要时,通过删减得到可行的照射子集,并调度可行子集以最大化总体得益。示例 3A 和 3B 表明，照射 L_n 选择更大的 δ_n 和 n 值，可以使 L_n 更接近预期的开始时刻。示例 4A 和 4B 表明，具有较大峰值得益的照射更有可能在照射删减模块中保留。

4.2.5 与 Orman 调度算法的比较

在本节中，将由序惯调度算法生成的调度方案与由文献[113]中的 Orman 调度算法生成的调度方案进行比较。该示例与文献[127]中的雷达资源饱和示例相似。

跟踪和搜索在 25s 时间窗口内进行交替。主要照射只包括跟踪照射。搜索并跟踪 30 个目标，每个目标的跟踪初始化在间隔开始后 5~20s 内随机发生。用于跟踪的参数如表 4.15 所列。对于航迹更新，使用同一检测概率。在本例中，跟踪照射比搜索照射具有更高的优先级，后者的驻留时间为 2ms。

表 4.15 跟踪目标的参数

目标数量	波形驻留时间/ms	更新间隔/ms
30	5	150

所有调度都安排在 1s 时间窗口内。对于给定的时间间隙，如果在该时间间隔内初始化了一个航迹，那么在航迹初始化后的 150ms 间隙内将生成所需的跟踪照射。对于现有的航迹，从最后一次航迹更新的时间开始，以 150ms 的间隙产生所需的跟踪照射。对于序惯调度算法，每个跟踪目标都需要指定照射参数，提前调度和推迟调度的斜率如表 4.16 所示。选择斜率是为了说明调度算法的特性。

表 4.16 目标跟踪中提前和推迟调度的斜率比较

分类	分类中的目标数	斜率值
高斜率值目标	10	$\delta = \Delta = 35$
中斜率值目标	10	$\delta = \Delta = 10$
低斜率值目标	10	$\delta = \Delta = 3$

图 4.15 显示了序惯调度算法和 Orman 调度算法随时间的资源分配情况。很明显，两个调度算法在跟踪和搜索照射之间的分配方面有相似的性能。在 0~5s 的时间间隙内，所有资源都被分配给搜索照射。当目标航迹在 5~20s 之间被启动时，更多的资源被分配给跟踪照射。在此期间，总占用率略小于 1。这是由于两个调度算法的结构，即使在雷达过载时，也允许雷达调度中有较短的间隙。最后，在 20~25s 之间，所有资源都分配给跟踪照射。

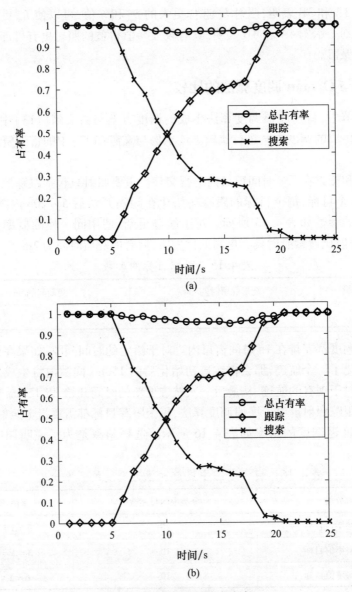

图 4.15 调度示例的占有率
(a)序贯调度法;(b)Orman 调度法。

总共有 1820 个跟踪照射被安排。对于所有跟踪照射,图 4.16 将调度的开始时刻与期望的开始时刻进行比较。显示了提前或推迟预期开始时间的直方图。小于或等于 -20ms 的早期值被归入 -20ms 的单柱,20ms 以上的延迟值被划分为一个单柱,而大于或等于 20ms 的晚期值被归入 20ms 的单柱。序惯调度器将 43% 的跟踪照射安排在其期望的起始时间,所有的照射都安排在其期望的起始时间13s内。而Orman调度程序将56%的跟踪照射安排在其期望的开始时刻上,但7%的跟踪照射安排在其期望的开始时刻相距20ms以上。因此,与序惯调度算法相比,Orman调度器将更多的照射安排在它们所期望的开始时刻,但代价是将其他照射安排在离它们期望的开始时刻更远的地方。

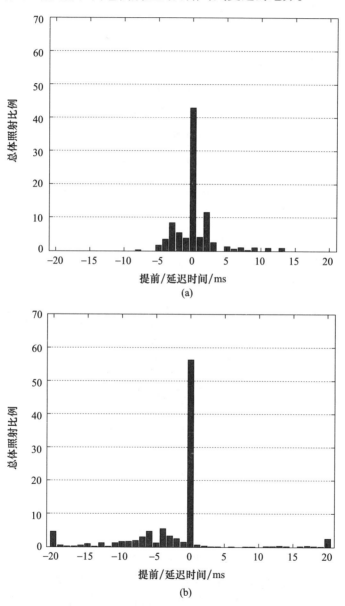

图4.16　跟踪波束的提前和推迟时间
（a）序贯调度算法；（b）Orman调度算法。

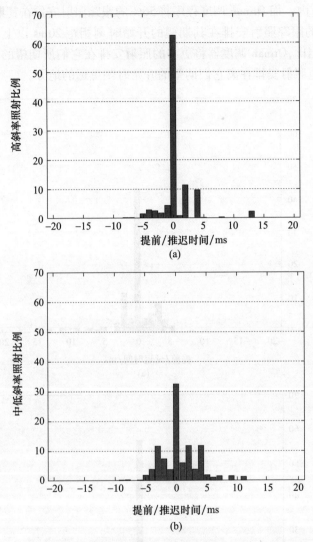

图 4.17　序贯调度算法的跟踪分类提前/推迟时间
(a)高斜率;(b)中低斜率。

虽然图 4.16(a)显示了序贯调度算法的所有照射的提前或延迟,但是通过分析具有不同斜率的照射可以进一步了解调度器性能。图 4.17(a)为提前/推迟高斜率照射;图 4.17(b)为提前/推迟中、低斜率照射。对于高斜率照射,62%的照射被安排在它们期望的开始时刻,而只有32%的中斜率和低斜率照射被安排在它们期望的开始时刻。在资源饱和情况下,不可能保证每一个照射都能被安排在其期望的开始时刻。然而,这个示例说明了选择一个高斜率值将极大地提高调度的开始时刻与期望的开始时刻之间匹配的可能性。

4.2.6 单纯形法

本节介绍如何将线性规划的单纯形法应用于4.2.2.7节中提出的优化问题。线性规划如下。选择$\{\alpha_n\}_1^N$最大化目标函数:

$$\sum_{n=1}^{N} f_n(\alpha_n), \qquad (4.20)$$

其中,$f_n(\alpha_n)$由式(4.16)给出,服从α_n、φ_n、v_n、w_n、$x_n \geq 0$及式(4.17)~式(4.19)的约束,可以得到一组非负变量$\alpha_n, \varphi_n, v_n, w_n, x_n$的可行解。单纯形法从初始可行解开始,迭代选择使目标函数值增加的可行解。

在这种情况下,初始可行解由$\alpha_n = 0$给出,对于所有n和$\varphi_n = 0, n \in N_E$。由于对于所有$n, v_n = E_n - \alpha_n \geq 0$,且当$n \in N_E$时,$x_n = \varphi_n - \alpha_n + t_n^* - t'_n \geq 0$,显然表明变量$\alpha_n$和$\varphi_n$是有限的,并且存在一个最大值。

为了实现单纯形法,将变量分组为一组非基本变量和一组基本变量,且将非基本变量设为零。对于初始可行解,变量$\{\alpha_n\}_1^N$和$\{\varphi_n\}_{n \in N_E}$为非基本变量,变量$\{v_n\}_{n=1}^N$,$\{w_n\}_{n=1}^N$和$\{x_n\}_{n \in N_E}$为基本变量。然后,单纯形方法迭代以下两个步骤。

(1) 通过计算某个非基本变量,如果允许其取正值,将以最快速度增加目标函数的值来确定输入的基本变量;

(2) 增加输入基本变量的值,直到其中一个基本变量的值被强制为零,这个基本变量称为退出基本变量。

进入的基本变量为基本变量,退出的基本变量为非基本变量。然后重复步骤1和步骤2。当没有输入的基本变量存在,并且所产生的变量值使目标函数最大化时,该过程停止。

如果有一个以上的变量可以作为输入的基本变量,则从这些候选变量中任意选择输入的基本变量。如果一个基本变量的值为零,可能需要交换选择这个变量作为输入的基本变量,以便继续迭代。这样的操作将导致目标函数在迭代中保持不变,如图4.14所示。

4.2.7 得益函数的其他形式

对于双斜率得益函数调度法子调度模块,得益函数定义为双斜率函数,分别为由式(4.4)和式(4.5)给出。本节讨论可以考虑的其他形式的得益功能。

得益函数可以指定为阶梯-r阶函数,定义如下:

$$B_n(t_n) = B_n^* - c_n \| t_n - t_n^* \|^r, \qquad (4.21)$$

其中,$c_n \in R, c_n \geq 0, r \geq 2$是一个整数。

r阶的得益函数$r = 2$、$r = 3$、$r = 4$在图4.18中给出。当$n = 1$时,可以看出,得益函数在$\| t_n - t_n^* \|$中随着r的增加下降得更慢。给定N个具有r阶得益函

数的可行集合,开始时间分配算法寻求选择$\{\alpha_n\}_1^N$来使得益函数最小化:

$$\sum_{n=1}^{N} c_n \parallel \alpha_n - (t_n^* - t'_n) \parallel^r \tag{4.22}$$

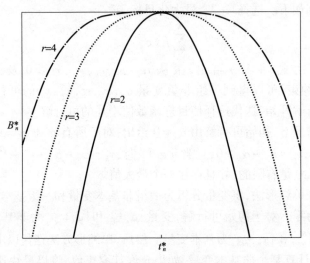

图 4.18　r 阶得益函数($c_n = 1$)

式(4.21)受式(4.9)和式(4.10)约束。这种优化可以使用拉格朗日乘子法器和求解最优库恩－塔克的条件来进行[128]。与单纯形法相比,求解这类非线性程序的计算复杂度要高得多。

也可以考虑分段线性多斜率得益函数也可以考虑具有多个斜率的分段线性得益函数。这些函数比双斜率函数更通用,而选择开始时刻的过程仍然是一个线性规划过程。然而,为了应用单纯形法,必须引入额外的变量。一般来说,每个得益函数的每个分段线性部分都需要引入一个额外变量[121]。

第5章 组网雷达资源管理

5.1 概 述

随着多样化、多频段的雷达平台被集中部署到某一个热点区域执行任务,区域级的军事系统开始逐步考虑任务驱动式的体系运作方式,使得多传感器资源管控开始成为研究热点,越来越多的军事人员开始研究如何合理调度多传感器来完成多样化的任务[129]。通常传感器资源管理在指挥与控制级别进行,并回答什么任务应该分配给哪些不同的传感器。在传感器(雷达)级别,雷达资源管理考虑多个任务的优先级和调度。本章重点讨论了雷达资源管理这一重要问题在雷达组网内的协调问题。

He 和 Chong[130,131]一直在关注组网雷达的目标跟踪调度问题,他们将传感器调度问题建模为一个局部可观测马尔可夫决策过程,并基于粒子滤波求解调度方案。文献[132]提出采用一种改进的服务质量资源分配模型来解决跟踪调度问题。跟踪调度方法同样被提出用来最小化传感器负载[133,134]。相比之下,这项工作同时考虑了组网雷达的跟踪和监视任务下的调度方法,并对跟踪和监视任务下的雷达性能进行了量化评估。此外,这里介绍的技术能根据雷达覆盖区域内目标的特点自适应地安排任务。

相控阵雷达组网通常由通信网络连接实现互联互通,这项工作的目的是确定如何运用网络中雷达间跟踪检测数据的共享来增强雷达资源管理性能[135]。在本章的剩余部分,术语"资源管理"是指雷达资源管理,而不是指挥控制概念中的传感器资源管理。由于在进行雷达资源管理时会利用其他雷达的数据,因此,所开发的网络化概念通常也被称为协同雷达资源管理。本章接下来将阐述协同雷达资源管理体系概念。双雷达组网的仿真结果表明,协同雷达资源管理能够获得超越单装的性能。

5.2 预备知识

图5.1说明了单个雷达资源管理器的作用,所展示的资源管理器概念也可以扩展到组网雷达。特别的是,通过在雷达调度过程中综合使用组网内不同雷达之间的目标检测和跟踪数据,可以形成协同雷达资源管理体系结构和技术体制。为了开发这些体系结构和技术,本节将介绍雷达网络术语和分布式跟踪相关概念。

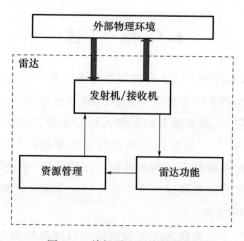

图5.1 单部雷达的资源管理

5.2.1 雷达组网

本章介绍了一个包含N部单基地雷达的组网雷达资源管理。尽管人们的注意力局限于单基地雷达,但可以将资源管理问题扩展到多基地雷达。由于雷达组网内的大量发射机和接收机存在很多的组合可能性,一个多站网络将比一个单站稳态网络更为复杂。

雷达组网内每一个不同类型的资源管理体系结构,都可能有一种新的资源管理问题的解决方案。本章节中主要考虑两种资源体系结构类型:集中式管理和分布式管理,这些概念将在本章后面详细说明。在上述两种案例中,与雷达天线同位置的网络部分称为节点。

通信信道是雷达组网的一个共同要素。信道容量或最大吞吐量是雷达组网的关键要素。如果信道是无线的,容量可能会随着通信持续时长而改变。因此,资源管理算法必须要具备能够处理时变信道容量的潜力。考虑到通信信道存在传输错误,本章中介绍的工作研究了无差错通信以及时变信道的利用率等问题。

雷达节点覆盖区域之间的关系是一个雷达网络的重要特征。尤其是当两个或更多节点具有重叠的覆盖区域时，更是值得我们研究的课题。本节中我们将公共覆盖区称为重叠区域，图5.2展示了两个节点的案例。

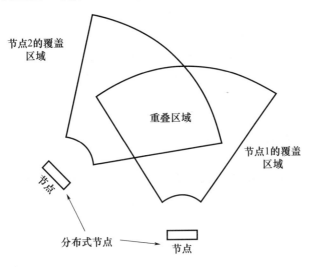

图 5.2　有重叠区域的两个节点示意图

对于一个位于重叠区域的被跟踪目标或搜索范围，资源管理器必须决定应该使用哪个节点执行相关的搜索或跟踪任务。这种调度可能随任务和时间的变化而变化，因而也增加了系统调度任务中的资源管理复杂性。

如果每个节点的覆盖区域不重叠，则每个节点将按照单雷达的情况进行管理。如果每个节点的覆盖区域相邻，则可以直接将目标跟踪情况从一个雷达节点传递给另一个雷达节点。

5.2.2　分布式跟踪

分布式传感器网络中，对目标的分布式跟踪是驱动雷达资源管理向组网雷达扩展的基础。数据关联是多目标跟踪的一个关键问题，它是指将一个或多个传感器对同一目标的观测数据进行关联。当多个传感器依赖通信信道进行连接时，必须确保信息能够在信道上进行传递。对于一个多航迹跟踪案例，跟踪性能分析是基于不同传感器之间相互通信而形成的一个预测航迹和跟踪航迹的子集[136]。当联合概率数据关联(JPDA)应用于分布式传感器网络时，文献[137]指出通过将每个目标的局部估计与其可能的行动事件及发生概率进行关联，就可以形成全局跟踪估计。文献[138]中还研究了在一个大型边扫描边跟踪网络中提高有效跟踪数据率的问题，并提出了一种能够提高有效跟踪数据率，并同时保持合理通信带宽的技术。

一般来说,有三种类型的分布式跟踪需要考虑[139],如下所示:
(1)独立跟踪;
(2)分布式航迹融合(航迹间的数据关联);
(3)分布式航迹维持(检测到航迹的数据关联)。

在独立跟踪类型中,每个雷达与跟踪网络中的其他雷达相互独立,自主地对目标进行起批和情报信息维持。在该模式下,如果一个目标存在于多个雷达的覆盖范围内,很可能每一个雷达都会对该目标产生一个航迹。在分布式航迹融合类型中,尽管各雷达依然进行独立跟踪,但是各雷达产生的航迹信息将进行数据关联,从而满足去除重复航迹的目的。在分布式航迹维持类型中,将会为每个目标创建一条航迹,检测到跟踪的数据关联是基于网络内所有雷达的检测数据进行。

5.3 协同雷达资源管理体系结构概念

协同雷达资源管理包含跟踪和搜索调度任务,处理来自组网内雷达的跟踪和搜索数据,以及制定分布式跟踪技术规范,因此,它解决了一个时变多维优化问题。自从协同雷达资源管理成为一个全新的研究领域以来,本节提出了两个独特的管理体系结构:集中式管理和分布式管理。具体的协同雷达资源管理技术将在本章后续部分进行介绍和分析。

5.3.1 集中式管理体系结构

在集中式管理的网络中,独立的资源管理器负责制定所有雷达节点的调度计划。这个独立的资源管理平台可以与任何一个雷达节点共用,也可以单独设置。此体系结构如图5.3所示,图中阐述了一种资源管理平台与各雷达节点分开放置的方案。资源管理器通过通信信道接收来自每个节点的跟踪和搜索数据,并通过通信信道向每个雷达发射机发送资源调度任务。集中式管理的优势在于资源管理器可以统一调度和控制组网内所有可用的雷达资源,从而实现多个雷达节点的充分利用。集中式管理的主要缺点是当通信信道的吞吐量不满足组网内各节点信号传递数据量要求时可能会产生通信延迟。此外,当组网内各节点间的通信信道不可用时,则各节点雷达无法实现自适应调度。因此,对于集中化管理的雷达组网而言,网内每个雷达节点都会有一个默认的资源分配方案,可以在通信信道发生故障时应急使用。

对于集中式管理体制的雷达网,资源管理器必须决定如何在任何给定时间段内安排N个雷达的调度任务。各雷达节点覆盖区域之间的关系将影响天线的调度方式。当存在重叠区域的多个雷达节点中的某一节点通信不可用时,集中式资源管理器可以指派其他的雷达节点在重叠区域中执行搜索和跟踪任务。

这种冗余设置可以防止通信失败。

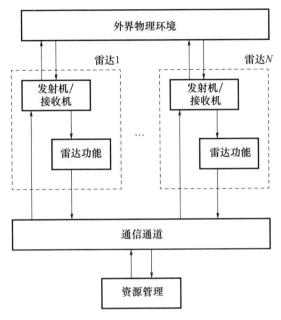

图 5.3 集中式管理体制雷达网

5.3.2 分布式管理体系结构

在分布式管理的雷达组网中,每个节点都是一个自主运行的雷达,并且均配有一个专用的资源管理器,如图 5.4 所示。

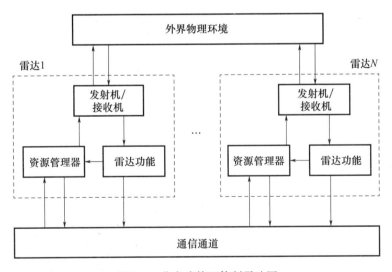

图 5.4 分布式管理体制雷达网

各资源管理器通过通信信道相互通信。在通信信道上传输的信息将根据所采用的资源管理方法而变化。与集中式管理相比,分布式管理的一个优点是减少了对通信信道的依赖。尽管节点通过通信信道连接,但是每个节点独立工作,并且可以在没有来自所有其他节点的通信的情况下独立地操作。分布式管理的缺点是调度优化复杂,通常来说,通过集中式管理来优化网络的性能通常更容易。

由于分布式管理不会因为没有通信信道而导致性能退化,因此,分布式管理也可看作是独立雷达资源管理,其管理性能被认作是协同雷达资源管理技术的参照基准。

对于具有分布式管理体系结构的雷达网络,每个节点会将其覆盖区域传递给网络中的其他节点。如果没有任何节点重叠,则每个节点都独立运行。如果节点之间具有相邻的覆盖区域,则可能会在节点之间交接跟踪目标。

考虑存在重叠区域的情况,目标的搜索和跟踪任务可以分为重叠任务和独占任务。重叠任务是指相关目标或搜索区域位于重叠区域的任务,所有其他任务都是独占任务。当存在重叠区域时,发送目标跟踪情报信息的雷达节点可以与其他雷达节点协调其调度策略。

对于重叠任务,所有节点都具有目标跟踪任务的当前估计和相关跟踪信息,以及搜索任务的上次更新时间和检测率。来自其他节点的位置和方向信息允许本地节点将接收到的跟踪和搜索数据关联到本地坐标系的数据中。

当存在重叠区域时,可以为提供目标跟踪情报信息的雷达节点指定各种类型的分布式管理策略。本节对此进行了详细说明,并在表5.1中进行了总结。雷达节点所采用的分布式管理的类型可以随时间而变化,这取决于一些因素,包括提供情报节点的数量、重叠区域的大小、重叠任务的数量和信道容量。

表 5.1 分布式管理的类型

名称	描述
类型 0	独立管理
类型 1	具有重叠任务分配的自主管理
类型 2	具有重叠照射的自主管理
类型 3	临时集中管理

在类型0分布式管理中,每个节点进行独立的管理。节点之间没有通信。当信道容量为零时,这种分布式管理是必要的。此外,当重叠区域的大小相对于雷达节点的各个覆盖区域小时或当重叠任务的数目小时,类型0是理想的。

在类型1分布式管理中,每个重叠的任务都分配给一个雷达节点,并且对该任务的所有照射都由分配的节点执行。在这种情况下,必须开发一种任务分配算法将任务分配给节点。对于单个节点,分配的任务将包括由任务分配算法分配的独占任务和重叠任务。如果任务不再是重叠任务,任务分配可能会发生变化。可见,任务分配将取决于任务优先级和雷达节点的相对负载。

在类型 2 分布式管理中,与重叠任务相对应的单个照射被动态地分配给雷达节点,因此,一个给定任务的不同照射可以由不同节点执行。对于类型 2 分布式管理器,需要指定照射分配。与类型 1 的分布式管理相比,类型 2 的分布式管理增加了灵活性,但代价是增加了复杂性和计算成本。照射分配可能会随着任务优先级和雷达节点的相对负载而变化。由于照射是单独分配的,因此可以通过利用时变的任务优先级和遮蔽关系来获得更好的整体性能。

在类型 3 分布式管理中,选择一个雷达节点作为集中式管理器。然后,管理器为所有雷达节点制定雷达计划。如第 5.3.1 节所述,集中式管理完全控制所有雷达节点的资源,但易受数据延迟和信道容量波动的影响。在第 5.3.1 节中,集中管理被指定为一种系统架构,其中使用单个资源管理器随时控制雷达网络。在类型 3 分布式管理中,网络具有分布式管理体系结构,但暂时允许一个资源管理器执行集中管理。

对于与重叠任务相关联的照射场景,可以采用将单个照射场景动态分配给雷达节点的技术。类型 2 分布式管理和类型 3 分布式管理提供了该技术的不同实现路径,在计算复杂性和所需的信道吞吐量方面有相应的权衡。对于类型 2 的管理类型,在所有雷达节点上计算照射安排。分布在所有雷达节点之间的搜索和跟踪数据足以允许所有节点执行相同的计算,从而确定照射分配。对于类型 3 管理,照射分配是在集中式管理器上计算的。在这种情况下,搜索和跟踪数据分布在所有雷达节点之间,集中式管理器还必须通过通信信道发送照射任务分配。与类型 2 管理类型相比,类型 3 管理类型需要较少的总体计算复杂度,但增加了总体信道吞吐量。

5.3.3 组网雷达目标优先排序

目标优先级技术允许雷达资源管理器对多个任务进行优先级排序,以制定更有效的雷达调度策略。在开发协同雷达资源管理技术时,需要将目标优先的概念推广到雷达网络。这里,提出了一些优先级考虑的问题。

模糊逻辑优先级排序[13]在计算跟踪任务和搜索任务的优先级值时考虑了许多变量。对于被跟踪目标,考虑了五个变量:跟踪质量、敌我属性、威胁度、武器系统能力和目标相对位置。

对于给定的目标,在雷达节点之间没有通信的情况下,每个雷达计算的优先级可能会有所不同。例如,目标相对于每个雷达节点的相对位置可能不同。而且,如果两个雷达节点在空间上明显分离,那么每个雷达节点观测的目标航向和速度将不同(这有助于确定敌方目标的威胁程度)。这种情况将导致同一批目标相对于每个雷达具有不同的优先级。

还可以计算每个目标的绝对优先级。模糊逻辑优先级的输入变量可以在整个网络中以统一的方式定义。例如,相对位置可以相对于距离目标最近的雷达节点来计算。在这种情况下,要么所有雷达节点都可以利用网络中其他雷达节点的知识计算优先级,要么一个雷达节点可以计算优先级并将结果传送给其他雷达节点。

为确定监视扇区的优先次序,考虑了四个变量:新目标等级(随时间变化)、威胁目标数、威胁目标等级(随时间变化)和原始优先级。对于属于多雷达同时覆盖的区域,由于杂波或噪声水平不同、相对目标速度不同或雷达截面积(RCS)的不同,每个雷达节点的检测速率可能不同。

5.4 分布式雷达资源协同管理技术

协同雷达资源管理包括单部雷达的目标跟踪和搜索任务的调度、来自其他雷达的跟踪和检测数据的处理以及分布式跟踪技术的规范和准则。本节介绍两部雷达组网的具体调度技术。对于这些协同技术,雷达资源管理仅用于跟踪任务,而两部雷达分别执行搜索任务。通信信道上的误差可能导致信道在特定时间段内不可用。这将在第5.4.4节中建模。对于协同雷达资源管理技术,将指定雷达之间要通信的数据。

5.4.1 独立雷达资源管理

在这种情况下,每个雷达对所有任务执行独立的雷达资源管理,在表5.1中称为0型管理,是评估协同雷达资源管理效能的基线。雷达节点之间没有数据通信。每个雷达都使用一个独立的跟踪器,并使用独立的雷达资源管理,包括三个方面的自适应性:

(1) 模糊逻辑优先排序;
(2) 自适应航迹更新间隙;
(3) 时间平衡调度。

模糊逻辑优先技术[13]用于跟踪任务。对于每个跟踪目标,使用航向、距离、距离速率、高度和机动历史等特性计算0到1之间的目标优先级值。通过这种方法,对每个被跟踪目标的相对优先级进行评估,从而将更多的雷达资源分配给优先级更高的目标。

跟踪器为每个被跟踪的目标请求一个更新间隔,并且这个请求被发送到调度器。请求的轨迹更新间隔取决于目标优先级,如下所示:

$$跟踪更新请求间隙 = \begin{cases} 1.5s, & 如果目标优先级 \geq 0.75 \\ 3s, & 如果目标优先级 < 0.75 \end{cases} \quad (5.1)$$

其中,目标优先级是介于0和1之间的值。

如果按照要求的间隙安排跟踪更新,则优先级大于 0.75 的目标更新频率是较低优先级目标的两倍。跟踪和搜索任务的调度采用时间平衡调度器进行[40,127]。每个任务都有一个关联的时间平衡。如果未安排与该任务相关联的照射计划,则任务时间平衡将随时间线性增加。如果安排了照射计划,则时间平衡会减少。在任何给定的时间,具有最高时间平衡的任务时间都是调度的最终目标。

5.4.2 管理类型 1

当信道可用时,管理类型 1 将重叠跟踪任务分配给离跟踪目标距离较小的雷达。一旦重叠任务分配给雷达节点,则该雷达节点将执行所有航迹更新,直到航迹结束。跟踪任务分配规则的概述如图 5.5 所示。每个雷达都对其整个覆盖区域进行搜索。每部雷达还对其独有的跟踪任务进行跟踪。

对于指定的跟踪任务,采用模糊逻辑算法计算每个被跟踪目标的相对优先级。自适应航迹更新间隙使用式(5.1)计算。然后使用时间平衡调度程序安排搜索照射计划和跟踪照射计划。

对所有航迹进行检测与航迹关联,包括分配给其他雷达的航迹。例如,假设航迹 y 被分配给雷达 1。在进行监视的过程中,2 号雷达将对所有探测航迹(包括 y 航迹)进行筛选。如果筛选到航迹 y,则 2 号雷达检测值用于更新轨迹 y。如果检测未筛选到航迹 y,则雷达 1 安排航迹确认照射。

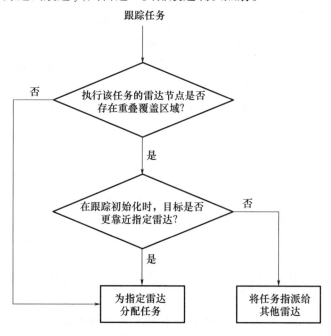

图 5.5 管理类型 1 的任务分配算法

对于类型1管理,表5.2规定了通过通信信道发送的数据类型。每个雷达节点的位置、速度和方向被发送到另一个节点,以便两部雷达都可以计算覆盖区域和重叠区域(如果有的话)。该数据还允许将来自其他雷达的情报信息关联到本地坐标系中。目标在航迹确认时的估计位置是计算任务分配算法所必需的,一旦将重叠跟踪任务分配给特定雷达,则仅在重叠区域中的检测通过信道发送。

表5.2 通过通信信道发送的数据,用于类型1管理

节点	重叠任务
位置	检测
速度	航迹确认时的估计位置
方向	

在类型1管理中,重叠任务不分配给两个雷达,这与独立雷达资源管理相比减少了跟踪任务所需的时间。特别是,未指定给特定航迹的雷达不会指定用于更新该航迹的照射,从而释放雷达来执行其他任务。第5.5节将量化从重叠任务的协同调度中获得的得益。

5.4.3 管理类型2

当通信信道可用时,管理类型2在逐一照射(Look – by – Look)的基础上将重叠的跟踪任务分配给某一雷达,照射任务分配给与被跟踪目标距离相对较小的那部雷达。跟踪照射任务的分配规则如图5.6所示。需要指出的是,管理类型2在计算上要比管理类型1更多也更复杂,因为在整个目标的跟踪过程中,要反复计算同时观测到目标的雷达距被跟踪目标的距离,并选择距离最小的雷达来执行照射任务。因此,尽管每台雷达都对其整体覆盖区域进行了监视,但是每部雷达都分配了专属的跟踪任务。

当每一个照射计划被分配调度后,下一个照射计划就会被分配给一个距离目标距离最小的雷达。通过计算模糊逻辑优先级(相对于指定雷达)和自适应航迹更新间隔,采用时间平衡调度程序为每个雷达安排搜索计划和指定的跟踪计划。与管理类型1的情况一样,对所有航迹执行检测到航迹关联,包括分配给其他雷达的航迹。

对于管理类型2,表5.3规定了通过通信信道发送的数据。每个雷达平台的位置、速度和方向被发送到另一个平台,以便两个雷达都可以计算覆盖区域和重叠区域(如果有的话)。与重叠任务相关的探测和跟踪是必需的,因为对每个雷达的估计范围被用来计算逐个照射的照射分配。一个给定的航迹可以

由雷达更新,使用预定的航迹更新照射,或者从与该航迹相关的搜索照射中进行检测。

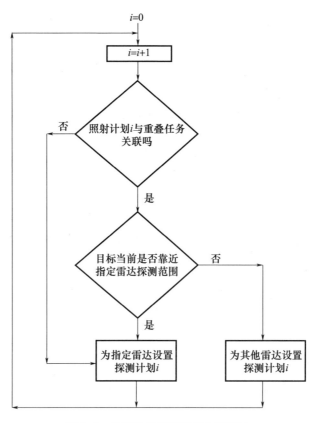

图 5.6 类型 2 的照射计划分配算法

5.4.4 通信信道可用性模型

为了实现协同雷达资源管理技术,雷达网络依赖于雷达之间的通信信道来发送和接收与目标探测和跟踪相关的数据。假设雷达网络采用具有前向纠错(FEC)信道编码的数字通信系统[140]。如果信道的误码率(BER)小于或等于 FEC 码允许的最大误码率,则接收数据时不会出错。然而,如果信道的误码率大于 FEC 码允许的最大误码率,则数据不能可靠地接收。

这项工作模拟了错误对通信信道的影响,以及通信系统采用的差错控制编码。当信道的误码率小于或等于表 5.3 中 FEC 码允许的最大误码率时,该信道可用。当信道的误码率大于 FEC 码的最大误码率时,则信道不可用。随着时间的推移,信道以 p 的概率可被利用。信道可用性的实际模型考虑了由于信道上的干扰而可能发生的错误,以及通信系统将采用的差错控制编码。

表 5.3 用于类型 2 管理的数据传输通信信道

节点	重叠任务
位置	检测
速度	跟踪
方向	

5.5 双雷达组网实例

在第 5.4 节中，我们给出了协同雷达资源管理技术。在本节中，我们将以一个双雷达组网为例，分析这些技术的性能。性能分析工作主要基于第三章中描述的 Adapt_MFR 仿真工具。

该场景如图 5.7 所示，在该场景中两台雷达是静止的，相距 10km，第二台雷达位于第一台雷达正南方。两部雷达的天线都指向正东。每部雷达天线阵面都能完成 ±60° 方位角的电扫描。

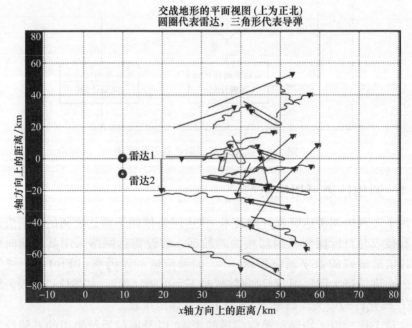

图 5.7 仿真场景的俯视图
（含雷达位置和目标集 A 的航迹，三角形指示目标轨迹的起点位置）

该场景由 30 个目标的航迹组成，航迹长度为 200s。每个目标都有一个固定的海拔高度、RCS 和速度。此外，每个目标都遵循三种航迹类型中的一种。目标具有不同的初始位置和初始航向值,所选的初始位置和初始航向值使得每个目标航迹在整个时间间隔内都在一个或两个雷达的方位覆盖范围内。

考虑两组目标:目标集 A 和目标集 B。目标集的参数值如表 5.4 所示。可以看出,目标集 B 的目标具有较小的 RCS 和较大的速度值。图 5.7 显示了雷达位置和目标集 A 航迹的俯视视图。

表 5.4　30 个目标的参数值集

参数	目标集 A 参数值	目标集 B 参数值
海拔高度/m	500,600,750	500,600,750
速度/(m/s)	100,150	200,250
雷达截面/m²	50,75	5,10
航迹	直线,U 形转弯,曲折飞行	直线,U 形转弯,曲折飞行

我们针对目标集 A 的场景,采用 Adapt_MFR 进行了模拟仿真。考虑了以下五种情况,其中 p 是信道可用性的概率,如第 5.4.4 节所述。

(1)独立雷达资源管理;
(2)管理类型 1,$p=1$;
(3)管理类型 2,$p=1$;
(4)管理类型 1,$p=0.5$;
(5)管理类型 2,$p=0.5$。

需要说明的是,上述五种情况下,我们都使用了带有 NN-JPDA[111] 的 IMM 跟踪器。整个航迹起始过程描述如下:在目标被检测到之后,雷达会对该目标进行确认。如果目标被确认,则形成一个暂定轨迹。该暂定轨迹如果在 3 次确认中被更新 2 次,那么该暂定轨迹将变为确认轨迹。为了计算跟踪资源占用率,我们认为轨迹确认过程与目标检测相关联,而临时轨迹或确认轨迹的更新与目标跟踪相关联。

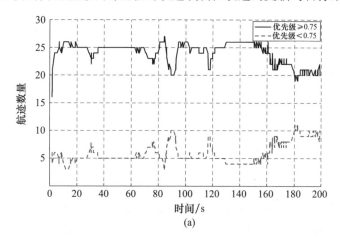

(a)

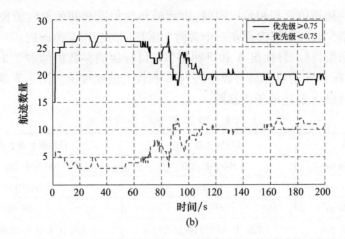

图 5.8 采用管理类型 1 时,两部雷达对目标集 A 的高优先级和低优先级的轨迹数量
(a)雷达 1;(b)雷达 2。

对于 $p=1$ 的管理类型 1,图 5.8 显示了优先级大于或等于 0.75 的轨迹数和优先级小于 0.75 的轨迹数。两者都是根据每个雷达的仿真时间绘制的。由式(5.1)可见,轨迹的优先级决定请求轨迹的更新间隔。轨迹总数可能并不总是等于目标数 30,因为在仿真过程中的某些短时间段内,可能存在未跟踪的目标或假轨迹。

当 $p=1$ 时,在整个仿真模拟过程中,通信信道是一直可用的。当 $p=0.5$ 时,我们将 200s 的仿真模拟时间间隔划分为一个个 10s 的子间隔。对于每个子间隔,信道被随机地选择为可用或不可用,概率相等。对于 $p=0.5$ 的管理类型 1,从信道可用到不可用的过渡导致两个雷达将独立地录入新的航迹。当信道从不可用过渡到可用时,那么同一个目标的多条航迹将融合为一条航迹。对于 $p=0.5$ 的管理类型 2,从可用信道到不可用信道的过渡要求将现有航迹分配给其中一个雷达,每个轨迹都分配给最近更新轨迹的雷达。与管理类型 1 的情况一样,当信道从不可用过渡到可用时,同一目标的多个轨迹融合为一个轨迹。航迹关联首先是基于目标集的真实位置信息进行的,确保多个航迹与每个目标关联。然后采用平均方案进行航迹融合,使得每个目标只与一条航迹相关联。在现实环境中,航迹间的关联和融合可以在统计学上进行[139]。

图 5.9 显示了独立雷达资源管理下的 1 号雷达、独立雷达资源管理下的 2 号雷达、$p=1$ 的协同管理类型 1、$p=1$ 的协同管理类型 2、$p=0.5$ 的协同管理类型 1 和 $p=0.5$ 的协同管理类型 2 六种情况下的航迹完整性。航迹完整性按第三章中指定的方法计算。对于独立雷达资源管理,两台雷达分别对目标进行跟踪。管理类型 1 的结果考虑了与给定目标相关的任何航迹,而不管哪个雷达被分配了该航迹。根据图 5.6 中指定的照射任务分配,管理类型 2 的结果包括由单个雷达进行

更新的跟踪目标和由两个雷达进行更新的跟踪目标。结果如图5.10所示,除了目标4的航迹外,所有跟踪目标的航迹完整性大于等于0.95。目标4从一个较远的距离开始,向1号雷达和2号雷达移动。由于在场景开始时信噪比较低,所以在进行独立雷达资源管理时,目标4直到仿真场景后期才被2号雷达跟踪。这导致独立雷达资源管理下的2号雷达探测航迹完整性为0.82。

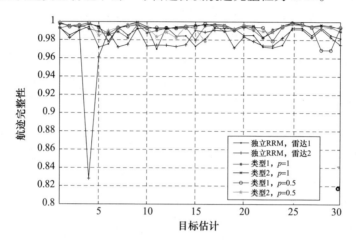

图5.9 仿真场景下目标集A的跟踪完整性

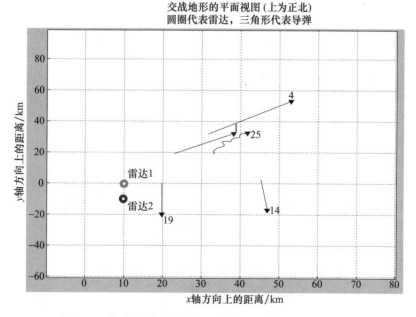

图5.10 仿真场景下目标集A的航迹和雷达位置的俯视图
（三角形表示目标在其航迹起点处的位置）

两台雷达的跟踪资源占用率结果如图 5.11 所示。对于管理类型 1 和管理类型 2,当通信信道可用时,重叠区域中与目标相关的航迹仅由两个雷达中的一个更新。对于独立雷达资源管理,这类航迹由两个雷达更新,这增加了两个雷达的跟踪资源占用率。对于固定 $p=1$ 或 $p=0.5$,管理类型 1 和管理类型 2 具有相似的跟踪资源占用率值。管理类型 1 执行重叠任务的任务分配,而管理类型 2 执行重叠任务的照射计划分配。任务分配和照射计划分配之间的区别对跟踪资源占用率的影响可以忽略不计。跟踪资源占用率图的齿形结构是由于连续固定间隔内轨迹更新次数略有变化引起的。在信道不可用的间隔期间,$p=0.5$ 的管理类型 1 和 $p=0.5$ 的管理类型 2 的跟踪资源占用率增加到独立雷达资源管理情况下的跟踪资源占用率,如预期的那样。这可以在 50~70s 和 130~160s 的时间间隔内看到。

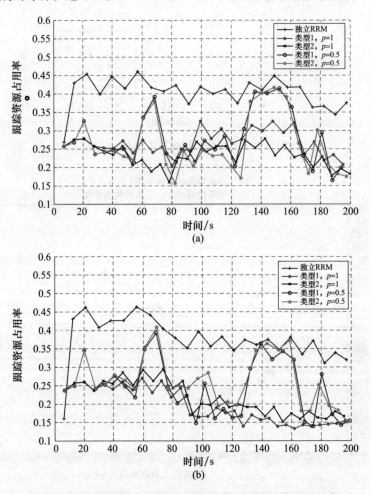

图 5.11 仿真场景下两部雷达对目标集 A 的跟踪资源占用率
(a)雷达 1;(b)雷达 2。

由于使用协同雷达资源管理,跟踪资源占用率降低,增加了可用于搜索监视的时间。使得两台雷达的帧时间减少,如图 5.12 所示。与独立雷达资源管理相比,管理类型 1、$p=1$ 和管理类型 2、$p=1$ 的帧时间减少了约 2s。因此,对新威胁的反应时间得到了优化。如预期,当通信信道不可用时,管理类型 1、$p=0.5$ 的帧时间和管理类型 2、$p=0.5$ 的帧时间增加到与独立雷达资源管理的帧时间相同。这些结果适用于正在考虑的 30 个目标的仿真场景。对于重叠区域中目标数量较多的场景,所有情况的帧时间都将增加。然而,独立雷达资源管理和协同雷达资源管理在帧时间上的差异也将增大,这表明协同雷达资源管理具有更显著的优势。

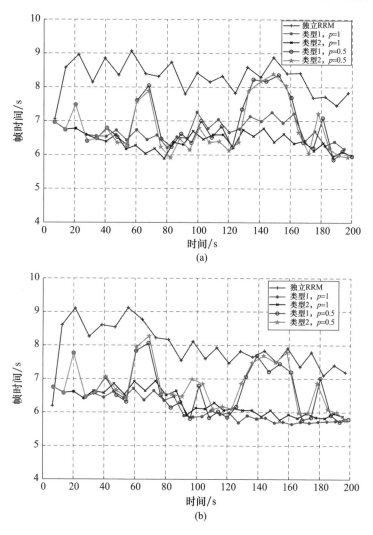

图 5.12 仿真场景中目标集 A 的帧时间
(a)雷达 1;(b)雷达 2。

图 5.13 绘制了目标集 A 中所有 30 个目标的 $p=1$、管理类型 2 和 $p=1$、管理类型 1 之间的位置误差。正差对应较低的类型 2 误差。对于某些目标,管理类型 1 下的目标位置错误较小,而管理类型 2 下的目标位置相对于其他的目标位置错误较小。对于这个目标场景,使用管理类型 1 或管理类型 2 都不会产生较小的估计误差。在一段时间内,管理类型 1 或管理类型 2 下的少数目标位置估计误差值会发生急剧增加,这会导致图 5.13 中绘制的差值出现峰值。当两个或多个目标交叉时,估计误差值会增加,跟踪器会立即将航迹与不同的目标相关联。

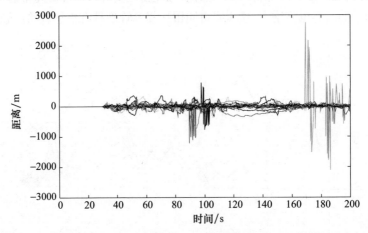

图 5.13 $p=1$ 的管理类型 2 的位置误差与 $p=1$ 的管理类型 1 的位置误差之间的差异
(正差异对应较低的类型 2 误差)

图 5.14 比较了目标集 A 的跟踪资源占用率和目标集 B 的跟踪资源占用率。图 5.14(a)和(b)分别展示了 1 号雷达和 2 号雷达在 $p=1$、管理类型 1 下的跟踪资源占用率。虽然与 2 号雷达的跟踪资源占用率相似,但是目标集 B 的跟踪资源占用率略低于 1 号雷达。这是因为目标集 B 中的目标正以较高的速度远离雷达,这会降低目标优先级并增加航迹更新间隔。对于 $p=1$ 的管理类型 2,图 5.14(c)、(d)显示了 1 号和 2 号雷达的跟踪资源占用率。在这种情况下,2 号雷达的跟踪资源占用率相似,但目标集 B 的 1 号雷达的跟踪资源占用率略低。与管理类型 1 类似,这是由目标高速远离雷达而造成的。

根据 30 个目标的仿真场景结果显示,管理类型 1 和管理类型 2 实现了接近 1 的航迹完整性,与独立雷达资源管理的结果相似。然而,当通信信道可用时,管理类型 1 和管理类型 2 与独立雷达资源管理相比,跟踪资源占用率和帧时间更少。这表明,采用协同雷达资源管理的雷达网络可以提高对抗新威胁的反应时间。为了提高跟踪性能,雷达必须通过通信信道发送数据。要传输的数据包括每个雷达平台的位置、速度和方向,与重叠任务相关的探测计划,以及航迹确认时目标的估计位置。此外,对于管理类型 2,必须传输与重叠任务相关联的航迹。结果表明,当通信信道不可用时,协同雷达资源管理的性能仍然与独立雷达资源管理相似。

当不能响应所有跟踪照射请求时,雷达会过载。在这种情况下,跟踪完整性很可能不是针对所有目标的。当单个雷达过载时,与独立的雷达资源管理相比,协同雷达资源管理可以提高航迹完整性。总体而言,管理类型 1 和管理类型 2 之间的航迹完整性和跟踪资源占用率的差异将取决于任务分配和照射安排算法。

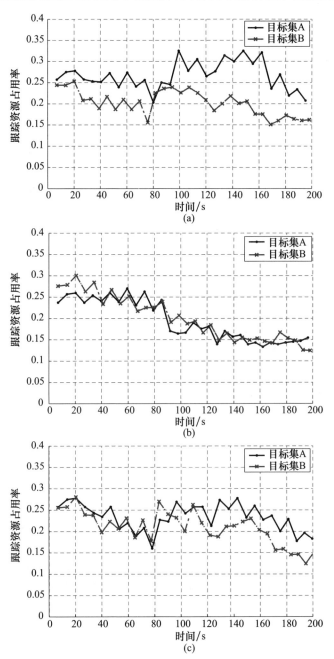

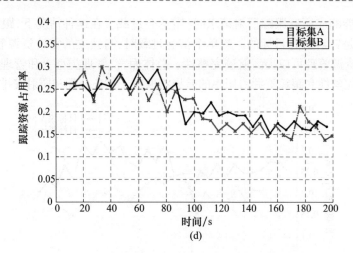

图 5.14 目标集 A 和目标集 B 的跟踪资源占用率比较
(a)雷达1:管理类型1,$p=1$;(b)雷达2:管理类型1,$p=1$;(c)雷达1:管理类型2,$p=1$。

5.6 小 结

本章研究了在雷达间共享检测和跟踪数据,能否提高雷达资源管理性能的问题。利用雷达节点间通信信道传输的数据,探索了协同雷达资源管理。提出了两种协同雷达资源管理技术,这两种技术由雷达节点之间的协同程度作为主要区分。通过在仿真工具 Adapt_MFR 中建立一个由 2 部雷达组网和 30 个目标组成的仿真场景模型,对比分析了独立雷达资源管理和协同雷达资源管理的性能。上述两种雷达资源管理技术都采用了自适应任务优先级、跟踪数据率和雷达调度。结果表明,协同雷达资源管理在降低跟踪资源占用率和帧时长的同时,实现了与独立雷达资源管理相同的完整目标轨迹。因此,协同雷达资源管理可以提高雷达组网对威胁目标的反应时间,其代价是需要建立一条雷达间的通信信道来共享数据。此外,还建模分析了通信信道误差对协同雷达资源管理性能的影响,根据文中给出的例子可见管理类型 1 和管理类型 2 在得益上没有区别。

协同雷达资源管理的使用为显著提高组网雷达的探测性能提供了可能,但仍然需要通过对雷达和目标场景作更进一步的分析,才能得出协同雷达资源管理得益的最终结论,并确定类型 1 管理和类型 2 管理之间的优劣。第 5.5 节中给出的案例使用了基于模糊逻辑优先级和时间平衡调度器的雷达资源管理技术。后续我们还应继续比较和分析基于其他技术的独立雷达资源管理和协同雷达资源管理(如第二章所述)。

第6章 结 论

本章总结了第1章至第5章的主要结论。第6.1节介绍了本书讨论的一些热点问题。第6.2节描述了雷达资源管理的研究展望。

6.1 热点问题

这本书探讨了许多热点问题。首先,由于雷达调度具有时变性特点,雷达资源管理仍然极具挑战性。第二章中介绍了许多算法来制定最优的雷达调度解决方案,但是由于优化是针对整个雷达运行时间线进行的,因此,计算异常复杂。这种由时变性导致的高计算复杂度,使得动态规划和神经网络算法等优化技术无法在实时雷达调度器中实现。为了实现实时的雷达调度,许多次优化技术得到了发展,例如最优分配调度算法和序惯调度算法等。尽管这些技术不那么复杂,但也需要对得益函数的参数进行调整。

其次,自适应雷达资源管理技术可以依据外部环境的改变来调整雷达的行为。第三章探讨了自适应雷达资源管理中的模糊逻辑优先排序、时间平衡调度和自适应航迹数据率等,并与非自适应雷达资源管理的性能进行了比较,结果表明自适应雷达资源管理与非自适应雷达资源管理能得到非常相似的完整目标航迹,但是自适应雷达资源管理具有更低的雷达资源占用率和更短的帧周期。换句话说,自适应雷达资源管理能够在使用较少雷达时间的情况下分配资源进行跟踪。第五章介绍的协同雷达资源管理技术也说明了自适应的优点。与独立雷达资源管理相比,协同雷达资源管理具有相同的完整目标轨迹,但是资源占用率更低,帧周期也更短。

最后,明确了雷达资源管理的一个关键因素——优化跟踪性能。雷达工作的目的是探测和跟踪其视场内的所有目标,为了评价其工作能力的优劣,第3章介绍并分析了一些评估的性能指标:航迹完整性、航迹精度和跟踪延迟等。通过这些指标,实现了对自适应雷达资源管理技术性能的量化评价。性能评估的重要性推动了自适应雷达资源管理的发展和波形辅助交互多模型(IMM)跟踪器的实现。通过这种模拟方法,可以在Adapt_MFR中对多目标场景进行建模。IMM跟踪器的运行便于跟踪航迹的生成,并能够与模拟真实数据进行比较。

6.2 未来展望

通过查阅公开文献,以下主题值得关注:
(1) 雷达资源管理中的自适应分类算法研究;
(2) 模糊逻辑、神经网络和熵算法之间的对比研究;
(3) 将模糊逻辑应用于任务调度;
(4) 评估动态规划和Q-RAM算法解决实际雷达资源管理问题的有效性;
(5) 雷达资源管理波形分集得益研究;
(6) 研究用于自适应数据率跟踪的运动噪声模型。

此外,基准3问题也需要研究,并积极测试未来提出的一些解决方案,并与现有解决方案进行对比。更多的传感器也需要考虑,以用来增强雷达资源管理的性能。其他的评价指标也应当考虑,例如任务占用率和及时性。

尽管这本书描述了雷达资源管理的一些新研究结果,但是在这个重要的研究领域仍然存在许多挑战。首先,需要为雷达资源管理建立一套基准问题。如第二章所述,美国海军研究实验室引入了跟踪的基准问题,这推动了跟踪方面的一些研究进展。雷达资源管理的基准问题将明确共同的雷达参数和目标场景,使研究人员能够根据共同的框架评估他们的算法。这些基准问题必须非常复杂,以适应雷达资源管理问题的时变性质;并明确一个环境,强制雷达资源管理算法在不断变化的环境中调整其行为。

其次,应根据实际目标情景评估更多的雷达资源管理技术。在第3章中,自适应雷达资源管理包括模糊逻辑优先排序、时间均衡调度和自适应航迹数据率。在52个目标和152个目标情景下,比较了自适应雷达资源管理和非自适应雷达资源管理的性能。如第2章所述,有许多用于任务优先级排序和任务调度的技术。其中一些技术可以在Adapt_MFR中实现,并针对多个目标场景进行分析。通过分析与各种雷达资源管理技术相关的跟踪性能,可以深入了解这些技术的特性。

最后,对雷达调度与波形选择的相互作用有必要进行深入研究。波形选择由波形辅助算法考虑,如第2.4节所述。然而,联合自适应调度和自适应波形选择以前没有被考虑过。这种技术可能具有较高的复杂性,有望增强检测和跟踪性能。

参考文献

[1] T. Jeffrey, Phased Array Radar Design, SciTech, Raleigh, NC, 2009.
[2] S. Sabatini, M. Tarantino, Multifunction Array Radar: System Design and Analysis, Artech House, Boston, 1994.
[3] E. Brookner, Phased arrays and radar: past, present and future, Microw. J. 49(1)(2006)24–46.
[4] A. G. Huizing, A. A. F. Bloemen, An efficient scheduling algorithm for a multifunction radar, in: IEEE International Symposium on Phased Array Systems and Technology, 1996, pp. 359–364, doi: 10.1109/PAST.1996.566115.
[5] R. Rajkumar, C. Lee, J. Lehoczky, D. Siewiorek, A resource allocation model for QoS management, in: Proceedings of the IEEE Real Time Systems Symposium, 1997, pp. 290–307.
[6] C. Lee, J. Lechoczky, D. Siewiorek, On QoS optimization with discrete QoS options, in: Proceedings of the IEEE Real Time and Embedded Technology and Applications Symposium, 1998, pp. 276–286.
[7] W. Komorniczak, J. Pietrasinski, Selected problems of MFR resources management, in: Proceedings of the 3rd International Conference on Information Fusion, Paris, France, 2000, pp. 3–8.
[8] W. Komorniczak, T. Kuczerski, J. Pietrasinski, The priority assignment for detected targets in multifunction radar, Res. J. Telecommun. Inf. Technol. 1(2001)30–32.
[9] A. Izquierdo-Fuente, J. R. Casar-Corredera, Optimal radar pulse scheduling using a neural network, in: Proceedings of the IEEE World Congress on Neural Networks and Computational Intelligence, 1994, pp. 4588–4591.
[10] V. Vannicole, Expert system for sensor resource allocation, in: Proceedings of the IEEE International Radar Conference, 1991, pp. 1005–1008.
[11] J. F. Pietrasinski, W. Komorniczak, Application of artificial intelligence in radar resource management, in: Proceedings of the 12th International Conference on Microwaves and Radar, 1990, pp. 138–142.
[12] M. T. Vine, Fuzzy logic in radar resource management, in: IEE Multifunction Radar and Sonar Sensor Management Techniques, 2001, pp. 1–4.
[13] S. L. C. Miranda, K. Baker, K. Woodbridge, H. D. Griffiths, Fuzzy logic approach for prioritisation of radar tasks and sectors of surveillance in multifunction radar, IET Proc. Radar Sonar Navig., vol. 1, 2007, pp. 131–141.
[14] A. P. Stoffel, Heuristic energy management for active array multifunction radars, in: Proceed-

ings of the IEEE National Telesystems Conference, San Diego, 1994, pp. 71 – 74.

[15] W. Komorniczak, J. Pietrasinski, B. Solaiman, The data fusion approach to the priority assignment in the multifunction radar, in: Proceedings of the 14th Conference on Microwave, Radar and Wireless Communication, 2002, pp. 647 – 650.

[16] S. L. C. Miranda, K. Baker, K. Woodbridge, H. D. Griffiths, Knowledge – based resource management for multifunction radar, IEEE Signal Process. Mag. 66(1)(2006)66 – 76.

[17] S. L. C. Miranda, K. Baker, K. Woodbridge, H. D. Griffiths, Simulation methods for prioritizing tasks and sectors of surveillance in phased array radar, J. Simul. 5(1 – 2)(2005)18 – 25.

[18] S. L. C. Miranda, K. Baker, K. Woodbridge, H. D. Griffiths, Phased array radar resource management: a comparison of scheduling algorithms, in: Proceedings of the IEEE International Radar Conference, 2004, pp. 79 – 84.

[19] K. Woodbridge, C. Baker, Tracking optimization for multifunction radar, in: Proceedings of the London Communications Symposium, 2002.

[20] B. Dawber, Fuzzy logic module, TTCP PowerPoint Presentation, 2005.

[21] P. E. Berry, D. A. B. Fogg, On the use of entropy for optimal radar resource management and control, in: Proceedings of the IEEE International Radar Conference, 2003, pp. 572 – 577.

[22] A. G. Huizing, J. A. Spruyt, Adaptive waveform selection with a neural network, in: Proceedings of the IEEE International Radar Conference, 1992.

[23] B. L. Scala, B. Moran, Optimal target tracking with restless bandits, Digital Signal Process. 16 (2005)479 – 487.

[24] V. Krishnamurthy, R. J. Evans, Hidden Markov model multiarm bandits: a methodology for beam scheduling in multitarget tracking, IEEE Trans. Signal Process. 49(2)(2001)2893 – 2908.

[25] J. Wintenby, V. Krishnamurthy, Hierarchical resource management in adaptive airborne surveillance radars, IEEE Trans. Aerosp. Electron. Syst. 42(2)(2006)401 – 420.

[26] J. Wintenby, Resource allocation in airborne surveillance radar, Ph. D. dissertation, Chalmers University of Technology, Sweden, 2003.

[27] D. Stromberg, P. Grahn, Scheduling of tasks in phased array radar, in: IEEE International Symposium on Phased Array Systems and Technology, 1996.

[28] M. Elshafei, H. D. Sherali, J. C. Smith, Radar pulse interleaving formulti – target tracking, Nav. Res. Logist. 5(1)(2003)72 – 94.

[29] R. B. Washburn, M. K. Schneider, J. J. Fox, Stochastic dynamic programming based approaches to sensor resource management, in: Proceedings of the International Conference on Information Fusion, Annapolis, MD, 2002, pp. 608 – 615.

[30] S. Howard, S. Suvorova, B. Moran, Optimal policy for scheduling of Gauss – Markov systems, in: Proceedings of the International Conference on Information Fusion, Stockholm, Sweden, 2004, pp. 888 – 892.

[31] A. J. Orman, C. N. Potts, A. K. Shahani, A. R. Moore, Scheduling for a multifunction phased array radar system, Eur. J. Oper. Res. 90(1)(1996)13 – 25.

[32] A. J. Orman, A. K. Shahani, A. R. Moore, Modelling for the control of complex radar system, Comput. Oper. Res. 25(3)(1998)239-249.

[33] A. J. Orman, C. N. Potts, On the complexity of coupled-task scheduling, Discret. Appl. Math. 72(1)(1997)141-154.

[34] J. M. Butler, A. R. Moore, H. D. Griffiths, Resource management for a rotating MFR, in: Proceedings of the IEEE International Radar Conference, 1997, pp. 568-572.

[35] C. Duron, J. M. Proth, Multifunction radar: task scheduling, J. Math. Model. Algorithms (1)(2002)105-116.

[36] C. Duron, J. M. Proth, Linked task scheduling: algorithms for the single machine case, Tech. Rep., 2002.

[37] C. Duron, J. M. Proth, Insertion of a random bitask in a schedule: a real-time approach, Comput. Oper. Res. 31(2004)779-790.

[38] E. Winter, L. Lupinski, On scheduling the dwells of a multifunction radar, in: Proceedings of the IEEE International Conference on Radar, 2006, pp. 1-4.

[39] R. Filippi, S. Pardini, An example of resources management in a multifunctional rotating phased array radar, in: Proceedings of the IEE Colloquium on Real-Time Management of Adaptive Radar Systems, 1990, pp. 1-3.

[40] J. M. Butler, Multi-function radar tracking and control, Ph. D. thesis, University College London, 1998.

[41] C. F. Kuo, T. W. Kuo, C. Chang, Real-time digital signal processing of phased array radars, IEEE Trans. Parallel Distrib. Syst. 145(2003)433-446.

[42] C. G. Lee, P. S. Kang, C. S. Shih, L. Sha, Schedulability envelope for real-time radar dwell scheduling, IEEE Trans. Comput. 55(12)(2006)1599-1613.

[43] T. W. Kuo, A. S. Chao, C. F. Kuo, C. Chang, Y. Su, Real-time digital signal processing of phased array radars, in: Proceedings of the IEEE International Radar Conference, 2002, pp. 160-171.

[44] C. Shih, S. Gopalakrishnan, P. Ganti, M. Caccamo, L. Sha, Scheduling real-time dwells using tasks with synthetic periods, in: Proceedings of the IEEE Real Time Systems Symposium, 2003, pp. 210-219.

[45] C. Shih, S. Gopalakrishnan, P. Ganti, M. Caccamo, L. Sha, Template-based real time dwells scheduling with energy constraints, in: Proceedings of the IEEE Real Time and Embedded Technology and Applications Symposium, 2003, pp. 19-27.

[46] S. Goddard, K. Jeffray, Analyzing the real-time properties of a dataflow execution paradigm using a synthetic aperture radar application, in: Proceedings of the IEEE Real Time and Embedded Technology and Applications Symposium, 1997, pp. 60-71.

[47] S. Ghosh, Scalable QoS-based resource allocation, Ph. D. thesis, Carnegie Mellon University, 2004.

[48] S. Ghosh, R. Rajkumar, J. Hansen, J. Lehoczky, Integrated QoS-aware resource management and scheduling with multi-resource constraints, Real-Time Syst. 33(2006)7-46.

[49] J. P. Hansen, S. Ghosh, R. Rajkumar, J. Lehoczky, Resource management of highly configurable tasks, in: Proceedings of the 18th International Parallel and Distributed Processing Symposium, 2004, pp. 140 – 147.

[50] S. Gopalakrishnan, C. S. Shih, P. Ganti, M. Caccamo, L. Sha, Radar dwell scheduling with temporal distance and energy constraints, in: Proceedings of the IEEE International Radar Conference, 2004, pp. 1 – 34.

[51] S. Gopalakrishnan, M. Caccamo, C. S. Shih, C. Lee, L. Sha, Finite – horizon scheduling of radar dwells with online template construction, Real – Time Syst. 33(1)(2006)47 – 75.

[52] K. Harada, T. Ushio, Y. Nakamoto, Adaptive resource allocation control for fair QoS management, IEEE Trans. Comput. 56(3)(2007)344 – 357.

[53] D. J. Kershaw, R. J. Evans, Waveform selected PDA, IEEE Trans. Aerosp. Electron. Syst. 33(4)(1997)1180 – 1188.

[54] D. J. Kershaw, R. J. Evans, Optimal waveform selection for tracking systems, IEEE Trans. Inf. Theory 40(5)(1994)492 – 496.

[55] S. Howard, S. Suvorova, B. Moran, Optimal policy for scheduling of Gauss – Markov systems, in: Proceedings of the 7th International Conference on Information Fusion, Stockholm, Sweden, 2004, pp. 888 – 892.

[56] S. Suvorova, S. D. Howard, W. Moran, Beam and waveform scheduling approach to combined radar surveillance and tracking the paranoid tracker, in: Proceedings of the International Waveform Diversity and Design Conference, Hawaii, USA, 2006.

[57] B. L. Scala, B. Moran, R. Evands, Optimal adaptive waveform selection for target detection, in: Proceedings of the IEEE International Radar Conference, Adelaide, Australia, 2003, pp. 492 – 496.

[58] B. L. Scala, M. Rezaeian, B. Moran, Optimal adaptive waveform selection for target tracking, in: Proceedings the 8th International Conference on Information Fusion, Philadelphia, USA, 2005, pp. 25 – 28.

[59] S. M. Sowelam, A. H. Tewfik, Waveform selection in radar target classification, IEEE Trans. Inf. Theory 46(3)(2000)1014 – 1029.

[60] S. Howard, S. Suvorova, B. Moran, Waveform libraries for radar tracking applications, in: Proceedings of the 1st International Conference on Waveform Diversity and Design, Edinburgh, UK, 2004, pp. 1424 – 1428.

[61] B. Moran, S. Suvorova, S. Howard, Sensor management for radar: atutorial, in: Proceedings of the Sensing for Security Workshop, Ciocco, Italy, 2005, pp. 1 – 23.

[62] F. Harada, T. Ushio, Y. Nakamoto, Adaptive resource allocation control for fair QoS management, IEEE Trans. Comput. 56(3)(2007)344 – 357.

[63] S. Suvorova, D. Musicki, B. Moran, S. Howard, B. L. Scala, Multi step ahead beam and waveform scheduling for tracking of maneuvering targets in clutter, in: Proceedings of International Conference Acoustics, Speech, Signal Processing(ICASSP), Philadelphia, USA, 2005, pp. 889 – 892.

[64] A. Leshem, O. Naparstek, A. Nehorai, Information theoretic adaptive radar waveform design for

multiple extended targets, IEEE J. Sel. Top. Sign. Process. 1(1)(2007)42 - 55.

[65] S. Sira, A. Papandreou - Suppappola, D. Morrell, Dynamic configuration of time - varying waveforms for agile sensing and tracking in clutter, IEEE Trans. Signal Process. 55(7)(2007) 3207 - 3217.

[66] S. Sira, D. Cochran, A. Papandreou - Suppappola, D. Morrell, W. Moran, S. Howard, R. Calderbank, Adaptive waveform design for improved detection of low - RCS targets in heavy sea clutter, IEEE J. Sel. Top. Sign. Process. 1(1)(2007)56 - 66.

[67] M. Hurtado, T. Zhao, A. Nehorai, Adaptive polarized waveform design for target tracking based on sequential Bayesian inference, IEEE Trans. Signal Process. 56(3)(2008)1120 - 1133.

[68] S. Haykin, B. Currie, T. Kirubarajan, Literature search on adaptive radar transmit waveforms, Tech. Rep., 2003.

[69] DARP Adaptive Waveform Design, http://signal.ese.wustl.edu/DARPA/publications.html, Accessed Nov. 25, 2008.

[70] F. Daum, R. Fitzgerald, Decoupled Kalman filters for phased array radar tracking, IEEE Trans. Autom. Control 28(3)(1983)296 - 283.

[71] G. Keuk, S. Blackman, On phased array radar tracking and parameter control, IEEE Trans. Aerosp. Electron. Syst. 29(1)(1993)186 - 194.

[72] W. Koch, On adaptive parameter control for phased - array tracking, in: Proceedings of the SPIE Conference on Signal and Data Processing of Small Targets, vol. 3809, 1999, pp. 444 - 455.

[73] H. J. Shin, Adaptive - update - rate target tracking for phased - array radar, IEE Radar Sonar Navig. 142(3)(1995)137 - 143.

[74] H. Leung, A Hopfield neural tracker for phased array antenna, IEEE Trans. Aerosp. Electron. Syst. 33(1)(1997)301 - 307.

[75] H. Sun - Mog, J. Young - Hun, Optimal scheduling of track updates in phased array radars, IEEE Trans. Aerosp. Electron. Syst. 34(3)(1998)1016 - 1022.

[76] K. Tei - Wei, C. Yung - Sheng, C. - F. Kuo, C. Chang, Real - time dwell scheduling of component - oriented phased array radars, IEEE Trans. Comput. 54(1)(2005)47 - 60.

[77] G. Keuk, Software structure and sampling strategy for automatic target tracking with phased array radar, in: Proceedings of the AGARD, 1978, pp. 21 - 32.

[78] S. A. Cohen, Adaptive variable update rate algorithm for tracking targets with a phased array radar, IEE Proc. Radar Sonar Navig. 133(3)(1986)277 - 280.

[79] V. C. Vannicola, J. A. Mineo, Expert system for sensor resource allocation, in: The 33rd Midwest Symposium on Circuits and Systems, 1990, pp. 1005 - 1008.

[80] M. Mune, M. Harrison, D. Wilkin, M. S. Woolfson, Comparison of adaptive target - tracking algorithm for phased array radar, IEE Radar Sonar Navig. 139(5)(1992)336 - 342.

[81] P. W. Sarunic, Adaptive variable update rate target tracking for a phased array radar, in: Proceedings of the IEEE International Radar Conference, 1995, pp. 317 - 322.

[82] P. W. Sarunic, R. J. Evans, Adaptive update rate tracking using IMM nearest neighbour algo-

rithm incorporating rapid re-looks,IEE Radar Sonar Navig. 144(4)(1997)195-204.

[83] S. P. Noyes,Calculation of next time for track update in the MESAR phased array radar,in: IEEE Colloquium on Target Tracking and Data Fusion,1998,pp. 2/1-2/7.

[84] T. W. Jeffrey,Phased array radar tracking with non-uniformly spaced measurements,in:Proceedings of the IEEE International Radar Conference,1998,pp. 44-49.

[85] S. L. Coetzee, K. Woodbridge, C. J. Baker, Multifunction radar resource management using tracking optimization,in:Proceedings of the IEEE International Radar Conference,2003, pp. 578-583.

[86] S. Gopalakrishnan,C. S. Shih,P. Ganti,M. Caccamo,L. Sha,Radar dwell scheduling with temporal distance and energy constraints,in:Proceedings of the IEEE International Radar Conference,2004.

[87] C. G. Lee,A novel framework for quality-aware resource management in phased array radar systems,in:Proceedings of the 11th IEEE Real Time and Embedded Technology and Applications Symposium,2005,pp. 322-331.

[88] J. H. Zwaga,Y. Boers,H. Driessen,On tracking performance constrained MFR parameter control, in: Proceedings of the 6th International Conference on Information Fusion, Cairns, Queensland,Australia,2003,pp. 712-718.

[89] J. H. Zwaga,H. Driessen,Tracking performance constrained MFR parameter control:applying constraints onprediction accuracy,in:Proceedings of the 8th International Conference on Information Fusion,Philadelphia,USA,2005,pp. 25-28.

[90] Y. Boers, H. Driessen, J. Zwaga, Adaptive MFR parameter control: fixed against variable$P$d, IEE Proc. Radar Sonar Navig. 153(1)(2006)2-6.

[91] C. G. Lee, C. S. Shih, L. Sha, Schedulability envelope for real-time radar dwell scheduling, IEEE Trans. Comput. 55(12)(2006)1599-1613.

[92] H. Benoudnine,M. Keche,A. Ouamri,M. S. Woolfson,Fast adaptive update rate for phasedarray radar using IMM target tracking algorithm,in:Proceedings of the IEEE International Symposium on Signal Processing and Information Technology,2006,pp. 277-282.

[93] W. D. Blair, G. A. Watson, S. A. Hoffman, Benchmark problem for beam pointing controlof phased array radar against maneuvering targets,in:Proceedings of the American Control Conference,Baltimore,USA,1994,pp. 2071-2075.

[94] W. D. Blair,G. A. Watson,T. Kirubarajan,Y. Bar-Shalom,Benchmark for radar resource allocation and tracking inthe presence of ECM,IEEE Trans. Aerosp. Electron. Syst. 34(4)(1998) 1097-1114.

[95] W. D. Blair,G. A. Watson,IMM algorithm for solution to benchmark problem for tracking maneuvering targets,in:Proceedings of the SPIE Acquisition,Tracking and Pointing Conference, Orlando,USA,1994,pp. 476-488.

[96] G. A. Watson,W. D. Blair,Tracking performance of a phased array radar with revisit time controlled using the IMM algorithm,in:Proceedings of the American Control Conference,Balti-

more,USA,1994,pp. 160 – 165.

[97] E. Daeipour,Y. Bar – Shalom,L. Li,Adaptive beam pointing control of a phased array radar using an IMM estimator,in:Proceedings of the American Control Conference,Baltimore,USA,1994,pp. 2093 – 2097.

[98] T. Kirubarajan,Y. Bar – Shalom,E. Daeipour,Adaptive beam pointing control of phased array radar using an IMM estimator,in:Proceedings of the American Control Conference,Baltimore,USA,1994,pp. 2616 – 2620.

[99] W. D. Blair,G. A. Watson,S. A. Hoffman,Benchmark problem for beam pointing control of phased array radar against maneuvering targets in the presence of ECM and false alarms,in:Proceedings of the American Control Conference,Seattle,USA,1995,pp. 2601 – 2605.

[100] S. S. Blackman,M. Bush,G. Demos,R. Popoli,IMM/MHT tracking and data association for benchmark tracking problem,in:Proceedings of the American Control Conference,Seattle,USA,1995,pp. 2606 – 2610.

[101] P. Kalata,An alpha – beta target tracking approach to the benchmark tracking problem,in:Proceedings of the American Control Conference,Baltimore,USA,1994,pp. 2076 – 2080.

[102] T. Kirubarajan,Y. Bar – Shalom,E. Daeipour,Adaptive beam pointing control of a phased array radar in the presence of ECM and false alarms using IMMPDAF,in:Proceedings of the American Control Conference,Seattle,USA,1995,pp. 2616 – 2620.

[103] S. A. Hoffman,W. D. Blair,Guidance,tracking and radar resource management for self defense,in:Proceedings of the IEEE Conference on Decision and Control,New Orleans,USA,1995,pp. 2772 – 2777.

[104] M. Efe,D. P. Atherton,Adaptive beam pointing control of a phased array radar using the AIMM algorithm,in:Proceedings of the IEE Colloquium on Target Tracking and Data Fusion,1996,pp. 11/1 – 11/8.

[105] R. E. Popoli,S. S. Blackman,M. T. Busch,Application of multiple hypothesis tracking to agile beam radar tracking,in:Proceedings of the SPIE Conference on Signal and Data Processing of Small Targets,1996,pp. 418 – 428.

[106] T. Kirubarajan,Y. Bar – Shalom,W. D. Blair,G. A. Watson,IMMPDAF for radar management and tracking benchmark with ECM,IEEE Trans. Aerosp. Electron. Syst. 34(4)(1998)1115 – 1134.

[107] D. Angelova,E. Semerdjiev,L. Mihaylova,X. Li,An IMMPDAF solution to benchmark problem for tracking in clutter and standoff jammer,Inf. Secur. 2(1999)1 – 8.

[108] P. D. Burns,W. D. Blair,Optimal phased array radar beam pointing for MTT,in:Proceedings of Aerospace Conference,2004,pp. 1851 – 1858.

[109] G. A. Watson,D. H. McCabe,Benchmark problem with a multisensor framework for radar resource allocation and tracking of highly maneuvering targets,closely – spaced targets,and targets in the presence of sea – surface – induced multipath,Tech. Rep. ,1999,Technical Report NSWC – DD/TR – 99/32,NSWC,Dahlgren,VA.

[110] A. Sinha,T. Kirubarajan,Y. Bar – Shalom,Tracker and signal processing for the benchmark

problem with unresolved targets, IEEE Trans. Aerosp. Electron. Syst. 42(1)(2006)279 – 300.

[111] R. Helmick, IMM estimator with nearest – neighbor joint probabilistic data association, chap. 3, in: Multitarget – Multisensor Tracking: Applications and Advances, Artech House, 2000.

[112] C. Duron, J. M. Proth, Insertion of a random bitask in a schedule: a real – time approach, Comput. Oper. Res. 31(2004)779 – 790.

[113] A. J. Orman, C. N. Potts, A. K. Shahani, A. R. Moore, Scheduling for a multifunction phased array radar system, Eur. J. Oper. Res. 90(1)(1996)13 – 25.

[114] E. Winter, L. Lupinski, On scheduling the dwells of a multifunction radar, in: International Conference on Radar, Shanghai, China, 2006.

[115] J. M. Butler, A. R. Moore, H. D. Griffiths, Resource management for a rotating MFR, in: Proceedings of the IEEE International Radar Conference, 1997, pp. 568 – 572.

[116] W. K. Stafford, Real time control of multifunction electronically scanned adaptive radar, in: IEE Colloquium on Real Time Management of Adaptive Radar Systems, 1990.

[117] G. T. Capraro, A. Farina, H. Griffiths, M. C. Wicks, Knowledge – based radar signal and data processing, IEEE Sig. Proc. Mag. (2006)18U″29.

[118] D. P. Bertsekas, An auctionalgorithm for shortest paths, SIAM J. Optim. 1(1991)425 – 447.

[119] Y. Bar – Shalom, X. R. Li, T. Kirubarajan, Estimation with applications to tracking and navigation, John Wiley and Sons, New York, 2001.

[120] G. B. Dantzig, Recent advances in linear programming, Manag. Sci. 2(1956)131 – 144.

[121] R. Fourer, A simplex algorithm for piecewise – linear programming I: derivation and proof, Math. Program. 33(1985)204 – 233.

[122] F. Güder, F. J. Nourie, A dual simplex algorithm for piecewise – linear programming, J. Oper. Res. Soc. 47(1996)583 – 590.

[123] R. Fourer, A simplex algorithm for piecewise – linear programming III: computational analysis and applications, Math. Program. 53(1992)213 – 235.

[124] W. Press, S. A. Teukolski, W. Vetterling, B. P. Flannery, Numerical Recipes in C, second ed., Cambridge University Press, Cambridge, 1992.

[125] S. P. Noyes, Calculation of next time for track update in the MESAR phased array radar, in: IEE Colloquium on Target Tracking and Data Fusion, Digest No. 1998/282, 1998, pp. 1 – 7.

[126] G. Davidson, Cooperation between tracking and radar resource management, in: IET International Conference on Radar Systems, 2007, pp. 1 – 4.

[127] S. L. C. Miranda, C. J. Baker, K. Woodbridge, H. D. Griffiths, Comparison of scheduling algorithms for multifunction radar, IET Radar Sonar Navig. 1(6)(2007)414 – 424.

[128] D. A. Pierre, Optimization theory with applications, Dover, New York, 1986.

[129] B. W. Johnson, J. M. Green, Naval network – centric sensor resource management, in: 7th International Command andControl Research and Technology Symposium (ICCRTS), www. dtic. mil, 2002.

[130] Y. He, E. K. P. Chong, Sensor scheduling for target tracking in sensor networks, in: 43rd IEEE Conference on Decision and Control(CDC), vol. 1, ISSN 0191 - 2216, 2004, pp. 743 - 748, doi:10. 1109/CDC. 2004. 1428743.

[131] Y. He, E. K. P. Chong, Sensor scheduling for target tracking: a Monte Carlo sampling approach, Digital Signal Process. 16(2006)533 - 545.

[132] A. Charlish, Tasking networked multi - function radar systems for active tracking, in: 14th International Radar Symposium(IRS), June, vol. 1, 2013, pp. 367 - 374.

[133] A. S. Narykov, A. Yarovoy, Sensor selection algorithm for optimal management of the tracking capability in multisensor radar system, in: 2013 European Radar Conference (EuRAD), 2013, pp. 499 - 502.

[134] A. S. Narykov, O. A. Krasnov, A. Yarovoy, Algorithm for resource management of multiple phased array radars for target tracking, in: 16th International Conference on Information Fusion(FUSION), 2013, pp. 1258 - 1264.

[135] Y. Teng, H. D. Griffiths, C. J. Baker, K. Woodbridge, Netted radar sensitivity and ambiguity, IET Radar Sonar Navig. 1 (6) (2007) 479 - 486, ISSN 1751 - 8784, doi:10. 1049/iet - rsn:20070005.

[136] C. - Y. Chong, K. - C. Chang, S. Mori, Distributed Tracking in Distributed Sensor Networks, in: American Control Conference, 1986, pp. 1863 - 1868.

[137] K. - C. Chang, C. - Y. Chong, Y. Bar - Shalom, Joint probabilistic data association in distributed sensor networks, IEEE Trans. Autom. Control 31(10)(1986)889 - 897, ISSN 0018 - 9286, doi:10. 1109/TAC. 1986. 1104143.

[138] G. W. Deley, A netting approach to automatic radar track initiation, association, and tracking in air surveillance systems, in: G. Vankeuk(Ed.), AGARD Strategies for Autom. Track Initiation 10 p(SEE N79 - 30454 21 - 32), 1979.

[139] Y. Bar - Shalom, Multitarget - multisensor tracking: advanced applications, Artec House, Norwood, MA, 1990.

[140] S. Lin, D. J. Costello, Error Control Coding: Fundamentals and Applications, Prentice - Hall, Englewood Cliffs, NJ, 1983.